高职化工类
模块化系列教材

化工设备检维修

李　浩　主　编
刘德志　王　红　副主编

化学工业出版社
·北京·

内 容 简 介

《化工设备检维修》共分七个模块。内容包括钳工操作、泵检维修、管路维护、压力试验、泵轴测绘、轴承与润滑、非接触密封。通过危险辨识、示范练习、检维修练习、现场清洁、报告撰写等教学环节，实现了学练结合，同时注重学生职业素质的养成，体现出学生主体、教师主导作用，做到"教、学、做"一体化，能够有效提高学生分析问题、解决问题能力和动手操作能力。

本教材基于模块化教学理念组织开发，既可满足化工类专业学生课程学习需要，也可以作为企业职工培训教材。

图书在版编目（CIP）数据

化工设备检维修/李浩主编；刘德志，王红副主编. —北京：化学工业出版社，2023.2

高职化工类模块化系列教材

ISBN 978-7-122-42601-7

Ⅰ.①化… Ⅱ.①李… ②刘… ③王… Ⅲ.①化工设备-设备检修 Ⅳ.①TQ050.7

中国版本图书馆 CIP 数据核字（2022）第 230587 号

责任编辑：张双进 王海燕 　　　　　装帧设计：王晓宇

责任校对：宋 夏

出版发行：化学工业出版社（北京市东城区青年湖南街 13 号 邮政编码 100011）

印 装：河北鑫兆源印刷有限公司

787mm×1092mm 1/16 印张 17¼ 字数 412 千字 2023 年 3 月北京第 1 版第 1 次印刷

购书咨询：010-64518888 　　　　　售后服务：010-64518899

网 址：http://www.cip.com.cn

凡购买本书，如有缺损质量问题，本社销售中心负责调换。

定 价：49.00 元

高职化工类模块化系列教材
—— 编 审 委 员 会 名 单 ——

序

目前，我国高等职业教育已进入高质量发展时期，《国家职业教育改革实施方案》明确提出了"三教"（教师、教材、教法）改革的任务。三者之间，教师是根本，教材是基础，教法是途径。东营职业学院石油化工技术专业群在实施"双高计划"建设过程中，结合"三教"改革进行了一系列思考与实践，具体包括以下几方面：

1. 进行模块化课程体系改造

坚持立德树人，基于国家专业教学标准和职业标准，围绕提升教学质量和师资综合能力，以学生综合职业能力提升、职业岗位胜任力培养为前提，持续提高学生可持续发展和全面发展能力。将德国化工工艺员职业标准进行本土化落地，根据职业岗位工作过程的特征和要求整合课程要素，专业群公共课程与专业课程相融合，系统设计课程内容和编排知识点与技能点的组合方式，形成职业通识教育课程、职业岗位基础课程、职业岗位课程、职业技能等级证书（1＋X证书）课程、职业素质与拓展课程、职业岗位实习课程等融理论教学与实践教学于一体的模块化课程体系。

2. 开发模块化系列教材

结合企业岗位工作过程，在教材内容上突出应用性与实践性，围绕职业能力要求重构知识点与技能点，关注技术发展带来的学习内容和学习方式的变化；结合国家职业教育专业教学资源库建设，不断完善教材形态，对经典的纸质教材进行数字化教学资源配套，形成"纸质教材＋数字化资源"的新形态一体化教材体系；开展以在线开放课程为代表的数字课程建设，不断满足"互联网＋职业教育"的新需求。

3. 实施理实一体化教学

组建结构化课程教学师资团队，把"学以致用"作为课堂教学的起点，以理实一体化实训场所为主，广泛采用案例教学、现场教学、项目教学、讨论式教学等行动导向教学法。教师通过知识传授和技能培养，在真实或仿真的环境中进行教学，引导学生将有用的知识和技能通过反复学习、模仿、练习、实践，实现"做中学、学中做、边做边学、边学边做"，使学生将最新、最能满足企业需要的知识、能力和素养吸收、固化成为自己的学习所得，内化于心、外化于行。

本次高职化工类模块化系列教材的开发，由职教专家、企业一线技术人员、专业教师联合组建系列教材编委会，进而确定每本教材的编写工作组，实施主编负责制，结合化工行业企业工作岗位的职责与操作规范要求，重新梳理知识点与技能点，把职业岗位工作过程与教学内容相结合，进行模块化设计，将课程内容按知识、能力和素质，编排为合理的课程模块。

本套系列教材的编写特点在于以学生职业能力发展为主线，系统规划了不同阶段化工类专业培养对学生的知识与技能、过程与方法、情感态度与价值观等方面的要求，体现了专业教学内容与岗位资格相适应、教学要求与学习兴趣培养相结合，基于实训教学条件建设将理论教学与实践操作真正融合。教材体现了学思结合、知行合一、因材施教，授课教师在完成基本教学要求的情况下，也可结合实际情况增加授课内容的深度和广度。

本套系列教材的内容，适合高职学生的认知特点和个性发展，可满足高职化工类专业学生不同学段的教学需要。

高职化工类模块化系列教材编委会

2021 年 1 月

前言

化工设备是化工企业进行生产的重要物质基础。化工生产具有高温、高压、易燃、易爆、易中毒等特点，设备一旦出现问题会导致装置停产、火灾爆炸、人身伤亡等事故的发生，直接影响员工的人身安全和企业的经济效益。因此，化工生产人员必须熟悉设备结构、特点与工作原理，掌握设备操作规范和检修维修相关技能。

化工设备检维修是化工类专业在学生具备化工设备认知、化工识图等基础知识后开设的一门实践性课程。本教材基于模块化教学理念组织开发，既可满足化工类专业学生课程学习需要，也可以作为企业职工培训教材。

根据技能形成规律，参照企业生产实际，本教材精心设置了钳工操作、泵检维修、管路维修、压力试验、泵轴测绘、轴承与润滑、非接触密封等七个学习模块，通过危险辨识、示范练习、检维修练习、现场清洁、报告撰写等教学环节，实现了学练结合，能够有效提高学生分析问题、解决问题的能力和动手操作的能力，培养学生的安全环保意识、工匠精神、科学精神、职业精神和劳动精神，并为后续的专业课程学习和未来的工作奠定基础。

本书由李浩担任主编，刘德志、王红担任副主编。李浩编写模块一、模块二，刘德志编写模块三，王红编写模块四，訾雪编写模块五的任务一，高业萍编写模块五的任务二，姜文涛编写模块六的任务一，张颖编写模块六的任务二，董栋栋编写模块七，最后由李浩、刘德志、王红统稿。本书由东营职业学院的孙士铸教授主审。本书在编写过程中得到秦皇岛博赫科技开发有限公司的大力支持，也得到华泰化工集团有限公司、富海集团有限公司的有关领导及同志的大力帮助，在此表示衷心的感谢！

由于编者水平有限，书中疏漏之处在所难免，敬请读者给予指正。

编者

2022 年 4 月

目录

模 块 七
非接触密封 /236

模块一

钳工操作

任务一
划线

学习目标

1. 能力目标

　　① 会正确使用划线工具。

　　② 会在所划的线条上正确打上样冲眼。

　　③ 能按钳工图进行正确划线。

2. 素质目标

　　① 通过规范学生的着装、工具使用、文明操作等，培养学生的安全意识。

　　② 通过信息收集、小组讨论、练习、考核等教学活动，培养学生追求卓越的工匠精神、主动探索的科学精神和团结协作的职业精神。

　　③ 通过实训场地的整理、整顿、清扫、清洁，培养学生的劳动精神。

3. 知识目标

　　① 掌握划线基准的选择方法。

　　② 掌握划线的基本操作方法，能正确地按图划线。

任务描述

　　根据图样和技术要求，在毛坯或半成品的加工面上，用划线工具划出加工界线，或划出作为基准的点、线的操作过程称为划线。划线是机械加工中一道重要的工序，广泛用于单件或小批量生产中。在工件一个平面上划线，就能明确表示加工界线的划线，称为平面划线，如图1-1-1所示。

　　划线可以在毛坯表面上进行，也可以在已加工表面上进行。

1. 划线的作用

确定工件上各加工表面的加工位置和加工余量；在划线过程中，能及时发现和处理不合格的毛坯，避免加工后造成损失；当坯料上出现某些缺陷，可通过划线时所谓"借料"的方法，来达到一定补救；在板料上按划线下料，可做到正确排料，合理使用材料；复杂工件在机床上装夹加工时，可按划线位置找正、定位和夹紧。

2. 划线的精度

划线的尺寸精度一般为0.25～0.5mm。因此，在加工过程中，不能依据划线的位置来确定加工后的尺寸精度，必须通过测量来保证尺寸的加工精度。

3. 划线的要求

尺寸准确、位置正确、线条清晰、冲眼均匀。

作为化工厂的一名设备员，请按照图1-1-2完成Q235钢板的划线操作。

图1-1-1　平面划线

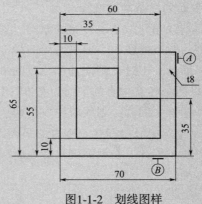

图1-1-2　划线图样

必备
知识

一、划线前准备

1. 工件清理

除去铸件上的浇口、冒口、飞边，清除黏砂。除去锻件上的飞边、氧化皮。去除半成品的毛刺，擦净油污。

2. 划线表面涂色

为了使划出的线条清楚，一般都要在工件的划线部位涂上一层薄且均匀的涂料。常用的有石灰水，一般用于表面粗糙的铸、锻件毛坯的划线；蓝油和硫酸铜溶液，用于已加工表面的划线。

二、平面划线

1. 样板划线

对于各种平面形状复杂、批量大且精度要求一般的零件，在进行平面划线时，为节省划线时间、提高划线效率，可根据零件的尺寸和形状要求，先加工一块平面划线样板，然后，根据划线样板，在零件表面上仿划出零件的加工界线，如图 1-1-3 所示。

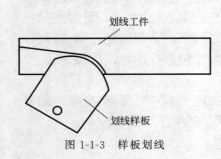

图 1-1-3　样板划线

2. 几何划线

几何划线法是根据零件图的要求，直接在毛坯或零件上利用平面几何作图的基本方法划出加工界线的方法。它的基本线条有平行线、垂直线、圆弧与直线或圆弧与圆弧的连接线、圆周等分线、角度等分线等，其划线方法都和平面几何作图方法一样。

3. 平面划线基准的选择

平面划线遵守从基准开始的原则。划线时，首先要选择和确定基准线或基准平面，然后根据它划出其余的线。一般可选用图样上的设计基准或重要孔的中心线为划线基准；如工件上个别平面已加工过，则应选加工过的平面为基准。常见的划线基准有三种。

① 以两个相互垂直的平面为基准。如图 1-1-4 所示，工件的尺寸是以两个相互垂直的平面为设计基准。因此，划线时应以这两个平面为划线基准。

② 以一条中心线和与它垂直的平面为基准。如图 1-1-5 所示，工件的设计基准是底平面以及中心线。因此，在划高度尺寸线时应以底平面为划线基准；划宽度尺寸线时应以中心线为划线基准。

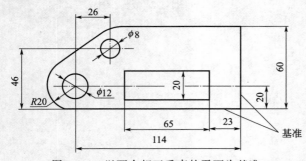

图 1-1-4　以两个相互垂直的平面为基准

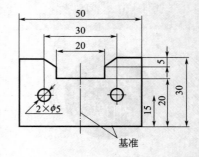

图 1-1-5　以一条中心线和一垂直平面为基准

③ 以两条互相垂直的中心线为基准。如图 1-1-6 所示，工件的设计基准为两条互相垂直的中心线，因此在划线时应选择中心十字线为划线基准。

三、划线工具的选用

1. 划线平台

划线平台（又称划线平板）由铸铁制成，工作表面经过精刨或刮削加工，作为划线时的基准平面，如图 1-1-7 所示。划线平台一般用铁架搁置，放置时，应使平台工作表面处于水平状态。

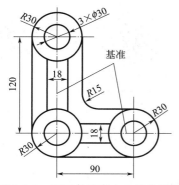

图 1-1-6　以两条垂直中心线为基准

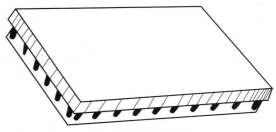

图 1-1-7　划线平台

　　划线平台的使用要点：平台工作表面应经常保持清洁；工件和工具在平台上都要轻拿、轻放，不可损伤其工作表面；不能用锤子直接在平台表面上锤击；用后要擦拭干净，并涂上机油防锈。

2. 划针

　　划针是用来在工件上划线条的工具。它由弹簧钢丝或高速钢制成，直径一般为 3～5mm，尖端磨成 15°～25°的尖角，并经热处理淬火硬化。有的划针在尖端部位焊有硬质合金，耐磨性更好。划针形状如图 1-1-8 所示。

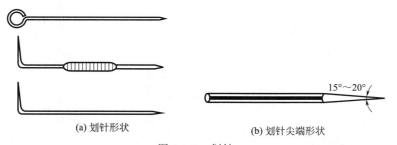

(a) 划针形状　　　　　　　　　　(b) 划针尖端形状

图 1-1-8　划针

　　划针的使用要点：用金属直尺和划针划连接两点的直线时，应先用划针和金属直尺定好一点的划线位置，然后调整金属直尺使之与另一点的划线位置对准，再划出两点的连接直线。划线时的针尖要紧靠导向工具的边缘，上部向外倾斜 15°～20°，向划针移动方向倾斜 45°～75°，如图 1-1-9 所示。针尖要保持尖锐，划线要尽量一次划成，使划出的线条既清晰又准确。不用时，划针不能插在衣袋中，最好套上塑料管，不使针尖外露。

3. 划线盘

　　划线盘（又称划针盘）如图 1-1-10 所示，通常用来在划线平台上对工件进行划线或找正工件在平台上的正确安放位置。划线盘上划针的直头端用来划线，弯头端用于找正工件的安放位置。

　　划线盘的使用要点：用划线盘进行划线时，划针应尽量处于水平位置，不要倾斜太大，划针伸出部分应尽量短些，并要牢固地夹紧以免划线时产生振动和引起尺寸变动。划线盘在移动时，底座底平面始终要与划线平台平面贴紧，不能晃动或跳动。划针与工件划线表面之

化工设备检维修

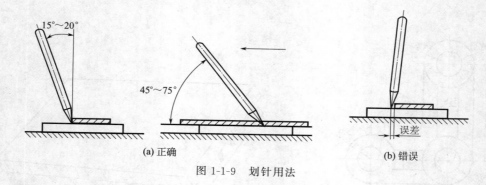

15°~20°

45°~75°

误差

(a) 正确　　　　　　　　　　　　　(b) 错误

图 1-1-9　划针用法

间，沿划线方向应保持 40°~60°夹角，以减小划线阻力和防止针尖扎入工件表面。划较长直线时，可采用分段连接划法。划线盘用完应使划针处于直立状态，以保证安全和减少所占空间。

4. 高度尺

图 1-1-11(a) 为普通高度尺，由金属直尺和尺座组成，用以给划线盘量取高度尺寸。图 1-1-11(b) 为高度游标卡尺，它一般附有带硬质合金的划针脚，能直接表示出高度尺寸，其读数精度一般为 0.02mm，划线精度可达 0.1mm 左右，可作为精密划线工具使用。

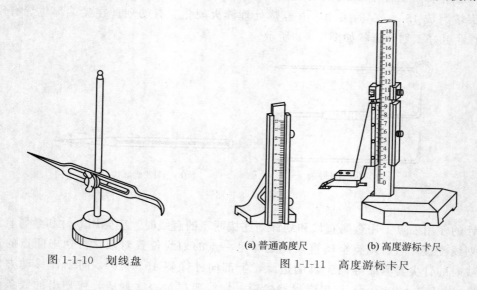

图 1-1-10　划线盘

(a) 普通高度尺　　　(b) 高度游标卡尺

图 1-1-11　高度游标卡尺

高度游标卡尺一般可用来在平台上划线或测量工件高度。高度游标卡尺的使用要点：

① 在划线方向上，划线脚与工件划线表面之间应成 45°左右的夹角，以减小划线阻力。

② 高度游标卡尺底面与平台接触面都应保持清洁，以减小阻力；拖动时底座应紧贴平台工作面，不能摆动、跳动。

③ 高度游标卡尺一般不能用于粗糙毛坯的划线；用完后应擦净、涂油装盒保管。

5. 划规

划规（又称圆规）如图 1-1-12 所示，用来画圆和圆弧、等分线段、等分角度以及量取尺寸等。

划规的使用要点：除长划规两脚的长短可磨得稍有不同外，划规的两脚长短应一致，两脚合拢时脚尖能靠紧。划规的脚尖应保持尖锐，以保证划出的线条清晰。用划规画圆时，应把压力加在作旋转中心的那个脚上。

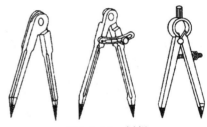

图 1-1-12　划规

6. 样冲

样冲用来在已划好的线上打上样冲眼，这样，当所划的线模糊后，仍能找到原线的位置。用划规画圆和定钻孔中心时，需先打样冲眼。样冲用工具钢制成并淬硬，工厂中常用废丝锥、铰刀等改制，如图 1-1-13 所示。

（1）冲眼方法　先将样冲外倾使尖端对准线或线条交点，然后再将样冲立直冲眼，如图 1-1-14 所示。

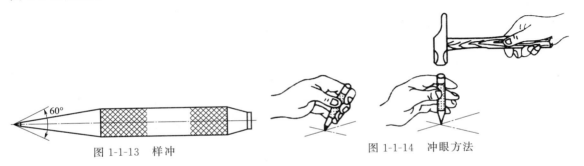

图 1-1-13　样冲　　　　　图 1-1-14　冲眼方法

（2）冲眼要求　位置要准确，冲眼不可偏离线条。在曲线上冲眼距离可小些，如直径小于 20mm 的圆周线上，应打上 4 个冲眼，而直径大于 20mm 的圆周线上，应打上 8 个或 8 个以上冲眼。在直线上冲眼距离可大些，但短直线至少有 3 个冲眼。在线条的交叉转折处必须冲眼。冲眼的深浅要掌握适当，在薄壁上或光滑表面上冲眼要浅些，粗糙表面上要深些。

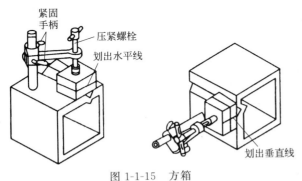

紧固手柄
压紧螺栓
划出水平线
划出垂直线

图 1-1-15　方箱

7. 方箱

方箱是用铸铁制成的空心立方体，六面都经过加工，互成直角，如图 1-1-15 所示。方箱用于夹持较小的工件，通过翻转方箱便可在工件上划出垂直线。方箱上的 V 形槽是用来安装圆柱形工件的，以便找中心或划线。

8. V 形块

V 形块又称 V 形架或 V 形铁，用钢或铸铁制成，如图 1-1-16 所示。它主要用于放置圆柱形类工件，以便找中心和划出中心线。V 形块通常是一副两块，两块 V 形块的平面、V 形槽是在一次安装中磨出的，因此，在使用时不必调节高低。精密的 V 形块各相邻平面均互相垂直，故也可作为方箱使用。

9. 千斤顶

千斤顶如图 1-1-17 所示。对较大毛坯件划线时，常用千斤顶把工件支撑起来。千斤顶高度可以调整，以便找正工件位置。

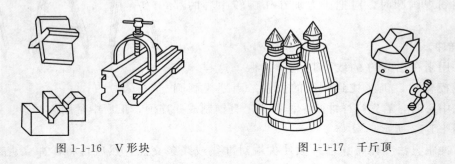

图 1-1-16 V 形块　　　　　　　　图 1-1-17 千斤顶

10. 直角尺

直角尺在划线时常用作划平行线或垂直线的导向工具，也可用来找正工件在划线平台上的垂直位置，如图 1-1-18 所示。

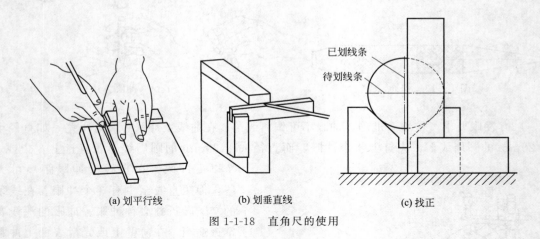

(a) 划平行线　　　　　　(b) 划垂直线　　　　　　(c) 找正

图 1-1-18 直角尺的使用

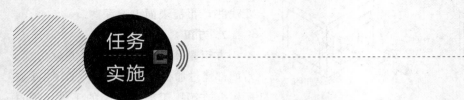

任务
实施

活动 1　危险辨识

钳工训练时，时常发生机械伤害事故，对人员造成伤害。作业前，应进行危险辨识，找出潜在的危害因素并制定控制措施，预防事故的发生。划线作业常见危害因素及控制措施见表 1-1-1。

表 1-1-1　划线作业危害因素及控制措施

危害因素	控制措施
搬放划线平台等设备时，手部被夹伤	佩戴手套，零件放置牢固后，撤去手部
工件上有毛刺、尖角刺伤或划伤手部	去除毛刺，佩戴手套
工件和划线工具坠落，砸伤足部	穿安全鞋，物件摆放在牢靠位置
划线工具划伤、扎伤手面	佩戴手套，正确使用划线工具
抛掷工件或工量具，零件或工量具损坏	禁止抛掷
现场地面存在液体，滑倒摔伤	穿防滑鞋，及时清理液体
用沾有涂色液的手揉搓眼睛	不能用手揉眼睛
划线用紫色酒精，发生火灾	严禁火源

活动 2　划线步骤

步骤一：选择合适的划线工具，并检查工具的完整性。

步骤二：识读划线图样，分析工件上需要划线的部位，明确划线尺寸要求。

步骤三：检测工件，判断尺寸和几何公差是否合格，并进行表面清理和涂色。

步骤四：选择划线基准，可选择一对相互垂直的平面，如图 1-1-19 中的Ⓐ和Ⓑ基准面。

步骤五：以Ⓑ为基准面，依次完成尺寸 10mm、35mm、55mm 水平的双面划线。

步骤六：以Ⓐ为基准面，依次完成尺寸 10mm、35mm、60mm 垂直的双面划线。

步骤七：对图形、尺寸进行自检校对，详细检查划线的准确性以及是否有线条漏划。确认无误后，上交。

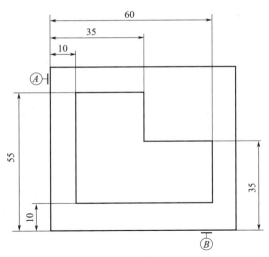

图 1-1-19　划线基准

活动 3　划线练习

按照任务要求，完成划线任务。

活动 4　现场清洁

① 物品、器具分类摆放整齐，无没用的物件。

② 清扫操作区域，保持工作场所干净、整洁。

③ 产生的废弃物品，统一回收到垃圾桶，不可随意丢弃。

④ 关闭水电气和门窗，最后离开教室的学生锁好门锁。

活动 5　撰写实训报告

回顾划线过程，每人写一份总结报告，内容包括心得体会、完成情况、做得好的地方、尚需改进的地方等。

① 学生按照任务要求，进行自查、互评与总结。

② 教师参照评分标准进行考核评价。

③ 师生总结评价，改进不足，将来在学习或工作中做得更好。

序号	考核项目	考核内容	配分/分	得分/分
1	技能训练	划线工具选用合理	5	
		线条整齐、清晰、无重线	10	
		图形及其排列位置正确	15	
		尺寸及线条位置公差±0.4mm	25	
		实训报告全面、体会深刻	10	
2	求知态度	求真求是、主动探索	5	
		执着专注、追求卓越	5	
3	安全意识	着装和个人防护用品穿戴正确	5	
		爱护工器具、机械设备，文明操作	5	
		如发生人为的操作安全事故、设备人为损坏、伤人等情况，安全意识不得分		
4	沟通交流	交谈恰当，文明礼貌、尊重他人	3	
		主动性、积极性	4	
5	现场整理	劳动主动性、积极性	3	
		保持现场环境整齐、清洁、有序	5	

任务二
锯削

学习目标

1. 能力目标
  ① 能正确地使用锯弓和锯条。
  ② 能按照图纸要求完成锯削任务。
2. 素质目标
  ① 通过规范学生的着装、工具使用、文明操作等，培养学生的安全意识。
  ② 通过信息收集、小组讨论、练习、考核等教学活动，培养学生追求卓越的工匠精神、主动探索的科学精神和团结协作的职业精神。
  ③ 通过实训场地的整理、整顿、清扫、清洁，培养学生的劳动精神。
3. 知识目标
  ① 掌握手锯锯割的操作方法。
  ② 掌握锯条折断的原因和防止措施。

任务描述

  用手锯把材料或工件分割或切槽等的操作称为锯削。锯削是锯切工具旋转或往复运动，把工件、半成品切断或把板材加工成所需形状的切削加工方法。它可以锯断各种原材料或半成品，也可以锯掉工件上的多余部分，还可以在工件上锯槽。锯削是从事化工设备检维修作业的基本技能。
  作为化工厂的一名设备维修员，请按照图1-2-1锯削图样完成锯削操作，并达到一定锯削精度。

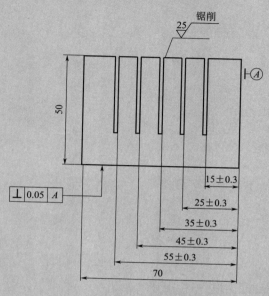

图1-2-1　锯削图样

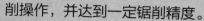

必备
知识

一、手锯

钳工锯割常用的工具是手锯，手锯由锯弓和锯条组成，锯弓用来安装锯条。锯弓分固定式和可调式两种。固定式锯弓只能安装固定长度的锯条，可调式锯弓能安装不同长度的锯条，而且其长度缩短后便于携带，故目前被广泛使用，见图1-2-2。

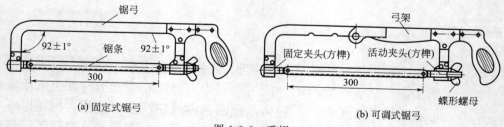

图 1-2-2　手锯

锯条由碳素工具钢或合金工具钢制成并经热处理淬硬。锯条一般单边开齿，其长度以两端安装孔的中心距表示，一般为 300mm，宽度为 10~25mm，厚度为 0.6~1.5mm。根据锯齿的齿距长短分为细齿（0.8mm、1.0mm）、中粗齿（1.2mm、1.4mm）、粗齿（1.8mm）。在实际应用中，根据被加工材料的软硬和厚薄来选择锯齿的粗细。

锯割硬或薄的材料时，应选用细齿锯条，因为硬的材料不易被锯齿切除，如工具钢、合金钢等；锯割薄的材料时，选用细齿锯条可使同时工作齿数多，每个锯齿承受的切割力较小，锯齿不易崩裂，如各种薄壁管材、薄板料、角钢等；锯割较软的金属选用粗齿锯条，可避免锯齿间堵塞，提高锯割效率，如铜、铝等。

二、台虎钳

台虎钳由2～3个紧固螺栓固定在钳台上，用来夹持工件。其规格以钳口的宽度来表示，常用的有100mm、125mm、150mm等。

常用台虎钳是回转式，如图1-2-3所示，由活动钳身10、固定钳身7、丝杠11、螺母3、夹紧盘5和转盘座6等组成。操作时，顺时针转动长手柄12，可使丝杠11在螺母3中旋转，并带动活动钳身10向内移动，将工件夹紧；当逆时针旋转长手柄12时，可使活动钳身向外移动，将工件松开。固定钳身7装在转盘座6上，并能绕转盘座轴心线转动，当转到符合要求的位置时，扳动手柄4旋紧夹紧螺钉，将台虎钳整体锁紧在钳桌上。

使用台虎钳时应注意以下几点。

① 安装台虎钳时，应使固定钳身的钳口工作面露出钳台的边缘，以方便夹持长条形的工件。此外，固定台虎钳的螺钉必须拧紧，钳身工作时不能松动，以免损坏台虎钳或影响加工质量。

② 在台虎钳上夹持工件时，只允许依靠手臂的力量扳动手柄，绝不允许用锤子敲击手柄或用管子接长手柄夹紧，以免损坏台虎钳。

③ 在台虎钳上进行錾削等强力作业时，应使作用力朝向固定钳身。

④ 台虎钳除砧座上可用锤子轻击作业外，其他部位不能做敲击作业。

⑤ 丝杠、螺母和其他配合表面应经常保持清洁，并加油润滑，以使操作省力，防止生锈。

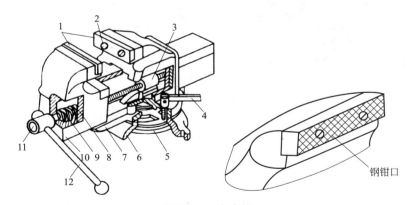

图1-2-3　台虎钳

1—钳口；2—螺钉；3—螺母；4,12—手柄；5—夹紧盘；6—转盘座；7—固定钳身；8—挡圈；
9—弹簧；10—活动钳身；11—丝杠

三、锯条的安装

安装锯条时，锯齿应向前，不能装反。同时，要保证锯条侧面紧贴张紧销钉根部的方榫平面，锯条的安装方法见图 1-2-4。

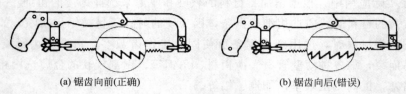

(a) 锯齿向前(正确)   (b) 锯齿向后(错误)

图 1-2-4　锯条的安装方法

张紧锯条的松紧要适当，太紧或太松，在锯割时容易引起锯条折断。锯条装好后，检查是否歪斜，如有歪斜，则需校正。

四、工件的夹持

工件一般夹在台虎钳的左边（指用右手握锯柄时），以便操作；锯割线要与钳口平行，以防锯斜；工件伸出钳口长度应尽量短，以防锯割工件时振动而崩断锯齿或锯条。

工件要夹牢，以防锯割时工件移动而引起锯条折断。但夹得不要过紧，防止夹坏工件的已加工表面或者引起工件的变形。

五、起锯

起锯的好坏，直接影响锯割质量。起锯方式见图 1-2-5。无论从工件切割线的前端或后端起锯，起锯角均取 15°左右。若角度过大，锯齿会卡住工件的棱角而折断。若没有起锯角度，则会使锯条打滑而擦伤工件表面。为防止起锯时打滑，可用左手大拇指靠稳锯条侧面后作引导，右手稳推手锯，短行程、轻压力运锯，待锯缝形成后，再恢复锯切正常姿态。

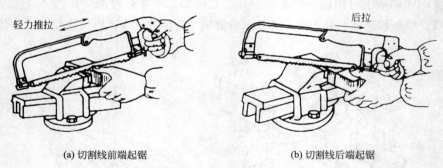

轻力推拉   后拉

(a) 切割线前端起锯   (b) 切割线后端起锯

图 1-2-5　起锯方式

六、锯割操作

锯割时握锯方法如图 1-2-5 所示，右手握柄，左手扶弓，锯割时锯条应直线往返，不得左右摆动，以免不必要地增加锯齿的磨损。锯割操作时，站立姿势见图 1-2-6。推锯时，身体稍向前倾斜，利用身体前后摆动，带动手锯前后运动。推锯时，锯齿起切削作用，推力和压力大小主要由右手掌握，左手压力不要过大，否则易引起锯条折断。手锯在朝前推时施加压力，返回时则不施加压力轻轻带回，锯割压力在锯割硬材料时应大些，太小锯齿不易切入，可能打滑，并使锯齿钝化。锯软材料时，压力应小些，太大会使锯齿切入过深而产生

"咬住"现象。

往返速度应根据材料性质而定,材料硬时应慢些,材料软时应快些,速度太快,锯条易磨钝,同时使锯条发热回火降低锯条硬度,反而降低切割效率;速度太慢,则效率不高,一般以 30～60 次(往返)/min 为宜。

锯割时,最好使锯条的全长都能参加锯削,一般应使手锯的往复行程的长度不小于锯条全长的 2/3,否则会引起锯条局部磨损,影响锯条的使用寿命。

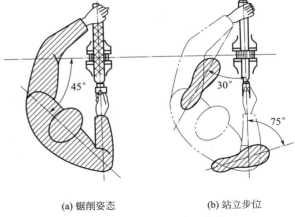

(a) 锯削姿态　　　　　(b) 站立步位

图 1-2-6　锯削时的站立姿势

七、锯割注意事项

① 正确安装工件及锯条,注意起锯方式,防止造成废品或锯条损坏。

② 掌握锯割姿势,身体摆动协调、自然。锯割压力、速度适当。

③ 锯割时,可加些机械油于锯片,起到润滑冷却作用,提高锯条寿命。

④ 注意锯缝的平直情况,出现歪斜及时纠正。

⑤ 工件快锯断时,速度要慢,压力要轻,行程要短,并尽量用手扶握住工件,以免损坏工件或被工件砸伤手脚。

⑥ 手锯不用时应及时将锯条取下。

活动 1　危险辨识

钳工训练时,时常发生机械伤害事故,对人员造成伤害。作业前,应进行危险辨识,找出潜在的危害因素并制定控制措施,预防事故的发生。锯割作业常见危害因素及控制措施见表 1-2-1。

表 1-2-1　锯割作业常见危害因素及控制措施

危害因素	控制措施
锯削速度过快,锯齿崩断伤人或手部碰到台虎钳受伤	正确锯割操作
样坯上有毛刺、尖角刺伤或划伤手部	去除毛刺,佩戴手套
物件掉落,砸伤足部	穿戴安全鞋,物件摆放在牢靠位置
抛掷零件或工量具,零件或工量具损坏	禁止抛掷
现场地面存在液体滑倒摔伤	穿防滑鞋,及时清理液体
锯削时,锯齿划伤、锯条崩断扎伤	正确使用锯弓与锯条
锯削时,腰部受伤	保持正确的锯削姿势

活动 2　锯削步骤

步骤一：检测工件，判断尺寸和几何公差是否合格，并进行表面清理和涂色。

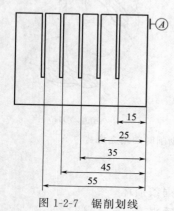

步骤二：识读锯削图样，分析工件上需要划线的部位，明确划线尺寸要求。

步骤三：以④为基准面，依次完成尺寸 15mm、25mm、35mm、45mm、55mm 垂直的双面划线，见图1-2-7。

步骤四：把工件夹持在台虎钳的左侧，离开钳口 20mm 左右，锯缝要与地面保持垂直。夹紧要牢固。

步骤五：选择合适的锯弓和锯条，安装锯条。锯齿要朝前，松紧适当。

步骤六：后起锯或前起锯。用左手大拇指靠稳锯条侧面后作引导，右手稳推手锯，短行程、轻压力运锯，待锯缝形成后，再恢复锯割正常姿态。

图 1-2-7　锯削划线

步骤七：依次完成各条锯缝的锯割。锯割时，右手握柄，左手扶弓，锯条直线往返，锯割长度不小于锯条全长的 2/3，以免引起锯条局部磨损。

步骤八：对图形、尺寸进行自检校对，详细检查锯割的准确性以及是否有漏锯。确认无误后，上交。

活动 3　锯削练习

按照任务要求，完成锯削任务。

活动 4　锯削常见缺陷分析

锯削时常出现锯条损坏和零件报废等问题，其原因见表1-2-2。

表 1-2-2　锯削时常见问题分析

锯条折断	① 锯条装得过松或过紧； ② 压力太大，或用力偏离锯缝方向； ③ 工件没有夹紧，锯削受力后产生松动； ④ 锯缝产生歪斜后强行矫正； ⑤ 新换锯条在旧锯缝中被卡住而折断； ⑥ 工件锯断时没有及时掌握好，使手锯与台虎钳等相撞而折断锯条
锯齿崩裂	① 锯条选择不当，如锯薄板、管子时用粗齿锯条； ② 起锯时角度太大，锯削时锯齿被卡住后，仍用力推锯； ③ 锯削速度过快，锯齿受到过猛的撞击
锯齿很快磨损	① 冷却不够； ② 锯削时速度太快； ③ 工件材料过硬

续表

尺寸锯小	① 划线不正确； ② 操作不小心或技能掌握得不好
锯缝歪斜，超出公差范围	① 工件安装时产生歪斜，使锯削后的锯缝与工件表面不垂直； ② 锯条安装太松或扭曲； ③ 使用锯齿两面磨损不均匀的锯条； ④ 锯削时，压力过大，使锯条偏摆； ⑤ 锯弓不正或用力后产生歪斜，使锯条斜靠在锯削断面的一侧
工件严重变形或夹坏	① 夹持工件的位置不恰当，锯削时变形； ② 未采用辅助衬垫； ③ 夹紧力太大
表面拉毛	起锯时压力太大，用力不稳，锯条滑出使工件表面拉毛

活动 5　现场清洁

① 物品、器具分类摆放整齐，无没用的物件。
② 清扫操作区域，保持工作场所干净、整洁。
③ 产生的废弃物品，统一回收到垃圾桶，不可随意丢弃。
④ 关闭水电气和门窗，最后离开教室的学生锁好门锁。

活动 6　撰写实训报告

回顾锯削过程，每人写一份总结报告，内容包括心得体会、团队完成情况、个人参与情况、做得好的地方、尚需改进的地方等。

考核
评价

① 学生按照任务要求，进行自查、互评与总结。
② 教师参照评分标准进行考核评价。
③ 师生总结评价，改进不足，将来在学习或工作中做得更好。

序号	考核项目	考核内容	配分/分	得分/分
1	技能训练	锯弓、锯条使用合理	20	
		锯割面整齐	10	
		尺寸及线条位置公差±0.3mm	20	
		实训报告全面、体会深刻	15	
2	求知态度	求真求是、主动探索	5	
		执着专注、追求卓越	5	

序号	考核项目	考核内容	配分/分	得分/分
3	安全意识	着装和个人防护用品穿戴正确	5	
		爱护工器具、机械设备,文明操作	5	
		如发生人为的操作安全事故、设备人为损坏、伤人等情况,安全意识不得分		
4	沟通交流	交谈恰当,文明礼貌、尊重他人	3	
		自主参与程度、主动性	4	
5	现场整理	劳动主动性、积极性	3	
		保持现场环境整齐、清洁、有序	5	

任务三
锉削

子任务一　锉削作业

学习目标

1. 能力目标
　　① 能正确使用锉刀。
　　② 能按照图纸要求完成锉削任务。
2. 素质目标
　　① 通过规范学生的着装、工具使用、文明操作等，培养学生的安全意识。
　　② 通过信息收集、小组讨论、练习、考核等教学活动，培养学生追求卓越的工匠精神、主动探索的科学精神和团结协作的职业精神。
　　③ 通过实训场地的整理、整顿、清扫、清洁，培养学生的劳动精神。
3. 知识目标
　　① 熟悉锉刀的种类及应用。
　　② 掌握锉削方法及锉削技能。
　　③ 掌握锉削面质量检验方法。

任务描述

　　用锉刀进行切削加工，使工件达到所要求的精度，这种工作称为锉削。

锉削可用来加工工件的外表面、内孔、沟槽、曲面和各种形状复杂的表面。锉削常用于装配过程中个别零件的修理、修整加工，小批量生产条件下某些复杂形状的零件加工，以及样板、模具等的修整加工。锉削是化工设备检修维修作业中的一项基本操作。

作为化工厂的一名设备维修员，请按照图1-3-1锉削图样完成Q235钢板的锉削操作。

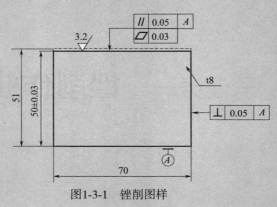

图1-3-1　锉削图样

必备
知识

一、锉刀的构造及种类

1. 锉刀各部分的名称及作用

锉刀是用碳素工具钢 T12、T13、T12A、T13A 等制成，并经过热处理淬硬，硬度可达 62～67HRC。锉刀的主要组成部分如图 1-3-2 所示。

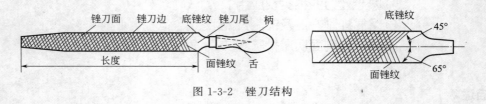

图 1-3-2　锉刀结构

锉刀表面刻有锉纹，多制成双纹，并倾斜一定的角度，以便锉削时省力，锉齿不易堵塞。锉刀规格以锉刀的工作部分长度来表示，有 100mm、150mm、200mm、250mm、300mm、350mm 和 400mm 七种。

2. 锉刀的种类

锉刀按每 10mm 长的锉面上齿数的多少，划分为粗齿锉刀、中齿锉刀、细齿锉刀和油光锉刀。上述各锉刀每 10mm 长度内的齿数及应用，见表 1-3-1。

表 1-3-1　锉刀齿粗细的划分及应用

锉齿粗细	齿数（10mm 长度内）	应用
粗齿	4～12	齿间大，不易堵塞，适宜粗加工或锉削铜、铝等有色金属
中齿	13～23	齿间适中，适于粗锉后加工
细齿	30～40	锉光表面或锉硬金属
油光齿	50～62	精加工时修光表面

锉刀按功用不同，可分为普通锉刀和整形锉刀（什锦锉刀）两类。普通锉刀用于一般锉削，整形锉刀尺寸较小，通常以十把形状各异的锉刀为一组，主要用于精细加工，如锉制样板、冲模等。

锉刀按其断面形状的不同，又分为平锉（板锉）、方锉、三角锉、半圆锉和圆锉五种。锉刀断面形状的选择，取决于工件加工表面的形状。

二、锉刀的正确使用

1. 锉刀的握法

锉刀握法（双手握锉）随着锉刀的大小及工件加工部位的不同而改变。使用大平锉刀时，用右手握锉柄，锉柄端顶在拇指根部的手掌上，大拇指放在锉柄上，其余手指依次握住锉柄，如图 1-3-3（a）所示。用大平锉刀重锉时，应将左手掌部压在锉刀的另一端，拇指自然伸直，其余四指弯曲扣住锉刀前端，使锉刀保持水平，如图 1-3-3（b）所示。使用中平锉刀轻锉时，因用力较小，左手的大拇指和食指捏着锉刀前端，引导锉刀水平移动，如图 1-3-3（c）所示。小锉刀的握法，采用单手（或双手）握锉法，轻力锉削，如图 1-3-3（d）所示。

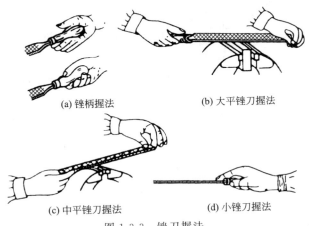

(a) 锉柄握法　　　　　　　　(b) 大平锉刀握法

(c) 中平锉刀握法　　　　　　(d) 小锉刀握法

图 1-3-3　锉刀握法

2. 锉削时的站立姿势

锉削时的站立姿势，如图 1-2-6 所示。

3. 锉削时施力的控制

锉刀向前推时，两手压在锉刀上的力应随着锉刀的推进而不断变化，使锉刀保持水平（以工件为支点，保持杠杆平衡），以便将表面锉平，如图 1-3-4 所示。锉刀返回时，将锉刀轻微抬离工件表面随身体带回，不宜紧压工件，以免磨钝锉齿和损伤已加工表面。

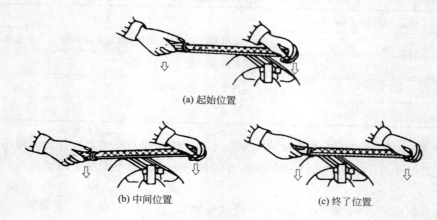

(a) 起始位置

(b) 中间位置　　　　　　　　　　　　(c) 终了位置

图 1-3-4　锉刀施力变化

4. 锉削速度

锉削速度一般为 30～40 次/min，推出时稍慢，回程时稍快，动作要求自然协调。

三、平面锉削操作

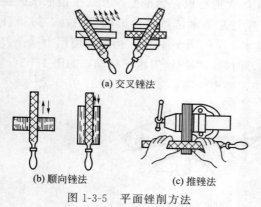

(a) 交叉锉法

(b) 顺向锉法　　　　(c) 推锉法

图 1-3-5　平面锉削方法

平面锉削方法有交叉锉法、顺向锉法和推锉法三种，如图 1-3-5 所示。

交叉锉法是锉刀的切削运动方向交叉进行，锉削效率高，适用于锉削余量较大的工件。

顺向锉法是锉刀沿其长度方向锉削，以减小工件表面粗糙度值、并获得正直的锉纹，一般用在交叉锉后对平面进一步锉平或锉光。

推锉法是双手横握锉刀，锉刀运动方向与加工表面的长度方向相垂直，此法是在工件表面已基本锉平，余量很小的情况下，用细锉刀或油光锉刀修光工件表面。

四、锉刀的使用和保养

① 新锉刀要先使用其中一面，用钝后再使用另一面，以延长其使用寿命。

② 粗锉时应充分使用锉刀的有效全长，这样既提高锉削效率，又可避免锉齿局部磨损而减少使用寿命。

③ 锉刀上不可沾油污或者水，否则会引起锉削时打滑或锈蚀。

④ 锉刀在使用中，特别是用完后，要用钢丝刷顺锉纹刷去嵌入齿槽内的金属碎屑，以免生锈腐蚀和降低锉削效率。

⑤ 不能用锉刀锉毛坯件的硬皮、氧化皮以及淬硬的表面，否则锉纹很容易变钝而丧失锉削能力。

五、锉削注意事项

① 锉刀是右手使用工具，应放在台虎钳的右边，放在钳台上时锉刀柄不可伸露在钳桌外面，以免碰落砸伤脚或损坏锉刀。

② 不可使用没有安装木柄的锉刀或锉刀手柄已裂开的锉刀。

③ 锉削时锉刀手柄不能撞击到工件，以免锉刀手柄脱落造成事故。

④ 不可用嘴吹锉屑，也不可用手摸锉削表面。

⑤ 锉刀不可当作撬棒或锤子用，否则容易折断。

⑥ 锉刀表面横向中凹的刀面尽量用于粗加工，表面横向中凸的刀面尽量用于半精加工和精加工。

六、锉刀的选用

锉刀的选用是否合理，对加工质量、加工效率以及锉刀的使用寿命都有很大的影响，通常应根据工件的表面状况、材料性质、加工余量以及尺寸精度、形位精度和表面粗糙度等技术要求来选用，选用参考表 1-3-2。

表 1-3-2　锉刀的选用

锉纹号	选用范围		
	加工余量/mm	尺寸精度/mm	表面粗糙度 $R_a/\mu m$
1 号（粗齿锉刀）	＞0.5	0.3～0.5	100～25
2 号（中齿锉刀）	0.2～0.5	0.1～0.3	25～12.5
3 号（细齿锉刀）	0.1～0.2	0.05～0.2	12.5～6.3
4 号（双细齿锉刀）	＜0.1	0.01～0.1	6.3～3.2
5 号（油光锉刀）	＜0.05	0.01～0.05	3.2～1.6

一般情况下，粗齿锉刀、中齿锉刀主要用于粗加工；细齿锉刀主要用于半精加工；双细齿锉刀主要用于精加工；油光锉刀主要用于表面光整加工。

七、锉削件尺寸的检查

平面锉削时，工件的尺寸可用千分尺检查。

外径千分尺是利用螺旋副的运动原理进行测量和读数的一种测微量具，用于测量外径等外部尺寸，如图 1-3-6 所示。测量范围有 0～25mm、25～50mm、50～75mm、75～100mm 等多种，分度值为 0.01mm，制造精度有 0 级和 1 级两种。

1. 读数原理

如图 1-3-7 所示，在千分尺的固定套管上刻有轴向中线，作为微分筒读数的轴向基准线，微分筒左侧外圆端面作为固定套筒读数的径向基准线。在固定套管中线的两侧，刻有两排刻线，每排刻线间距为 1mm，上下两排相互错开 0.5mm。下排为整毫米格，上排为半毫米格。测微螺杆螺距为 0.5mm，微分筒左侧圆锥面上刻有 50 等分的刻度，当微分筒转一周

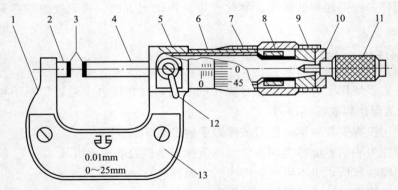

图 1-3-6　普通外径千分尺的结构

1—尺架；2—砧座；3—硬质合金测量面；4—测微螺杆；5—螺纹轴套；6—固定套管；7—微分筒；
8—调节螺母；9—接头；10—垫片；11—测力装置；12—锁紧装置；13—隔热板

时。测微螺杆轴向移动 0.5mm。若微分筒只转动一格，则测微螺杆轴向移动量为 0.5/50＝0.01mm，因此外径千分尺的分度值为 0.01mm。

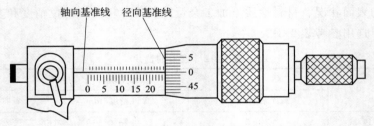

图 1-3-7　普通外径千分尺读数基准线

2. 读数方法

读数时，首先从微分筒左侧外圆端面（径向基准线）看越过固定套管下侧多少整毫米格和是否过了固定套管上侧半毫米格，再从微分筒上找到与固定套管轴向中线（轴向基准线）对齐的刻线，将此刻线格数乘以 0.01mm 得到的数值就是小数部分（小于 0.5mm）的读数，然后将从固定套管中线上读出的读数（整数以及 0.5mm）加上从微分筒上读出的小数读数（小于 0.5mm）就是被测量值。

3. 读数示例

从图 1-3-8（a）中看出，径向基准线过了固定套管下侧整毫米格刻线 22 即 22mm，过了固定套管上侧半毫米格刻线即 0.5mm；微分筒上第 38 格刻线与轴向基准线对齐，即 $38 \times 0.01＝0.38$mm。所以图 1-3-8（a）外径千分尺的读数＝22＋0.5＋38×0.01＝22.88mm。

从图 1-3-8（b）中看出，径向基准线过了固定套管下侧整毫米格刻线 16 即 16mm，未过固定套管上侧半毫米格刻线即不到 0.5mm；微分筒上第 8 格刻线与轴向基准线对齐，即 $8 \times 0.01＝0.08$mm。所以图 1-3-8（b）外径千分尺的读数＝16＋8×0.01＝16.08mm。

4. 使用方法

① 测量之前，转动千分尺测力装置的棘轮，使两个测量面合拢，检查测量面是否密贴，同时观察微分筒上的零位线与固定套管的轴向基准线是否对齐，如有零位偏差，应进行调整。

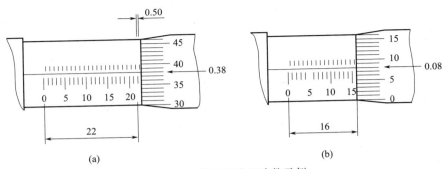

图 1-3-8　外径千分尺读数示例

② 测量时先用手转动微分筒，待测微螺杆的测量面快接近工件被测表面时，再转动千分尺测力装置的棘轮。测微螺杆的测量面接触到工件被测表面后会发出"咔咔"的声响，表示测量力已到位，应停止转动棘轮，读取量值。此时，不可用力转动微分筒，以防止损坏螺纹传动副，影响测量精度。

③ 使用时，测微螺杆的轴线应垂直于工件被测表面，最好在测量时读数。如要取下读数，应先锁紧测微螺杆，然后轻轻取下，以防止尺寸变动产生测量误差。读数要细心，看清刻度，特别要注意分清整数部分和 0.5mm 刻线。

八、锉削件直线度和平面度的检查

刀形样板平尺又称刀口尺，可用来检验工件平面的直线度和平面度。刀形样板平尺的结构如图 1-3-9 所示。

测量范围用尺身测量面长度 L 来表示，有 75mm、125mm、200mm 等多种，精度等级有 0 级和 1 级两种。

1. 检测方法

检测平面度误差时，应采用多向多处检测，如图 1-3-10(a) 所示。对于中凹表面，其平面度误差值可取各检测部位中最大直线度误差值；对于中凸表面，则应在两侧以同样厚度的尺片塞

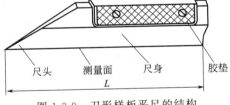

图 1-3-9　刀形样板平尺的结构

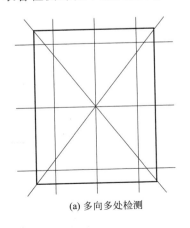

(a) 多向多处检测

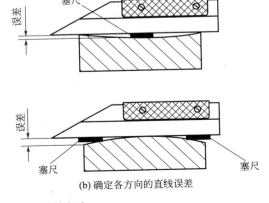

(b) 确定各方向的直线误差

图 1-3-10　测量方法

化工设备检维修

入检测，其平面度误差值可取各检测部位中最大直线度误差值。使用塞尺时根据被测间隙的大小可用一片或数片尺片重叠在一起塞入检测，必须进行两次极限尺寸的检测后才能得出其间隙量的大小。例如，用 0.03mm 的尺片可以插入而用 0.04mm 的尺片插不进去，则其间隙量在 0.03～0.04mm 之间。

① 塞尺插入检测方法（简称插入法）。通过塞尺与刀形样板平尺配合检测间隙尺寸量值的方法称为塞尺插入检测方法。其具体操作方法如图 1-3-10(b) 所示。

② 透光估测法（简称透光法）。在一定光源条件下，通过目视观察计量器具工作面与被测工件表面接触后其缝隙透光强弱程度来估计尺寸量值的方法称为透光估测法。其具体操作方法如图 1-3-11 所示。

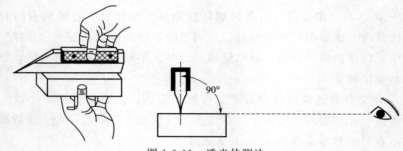

图 1-3-11　透光估测法

2. 刀形样板平尺检测注意事项

① 刀形样板平尺应轻轻地置于工件被测表面；改变位置时，不能在工件表面上拖动，应提起后再轻轻地放在另一处被测位置，否则测量面易受到磨损而降低其精度。

② 塞尺的尺片很薄，容易弯曲和折断，所以在检测时要谨慎用力，用后要擦拭干净，及时合到夹板内并涂上防锈油。

活动 1　危险辨识

钳工训练时，时常发生机械伤害事故，对人员造成伤害。作业前，应进行危险辨识，找出潜在的危害因素并制定控制措施，预防事故的发生。锉削作业常见危害因素及控制措施见表 1-3-3。

表 1-3-3　锉削作业常见危害因素及控制措施

危害因素	控制措施
搬放设备时，手部被夹伤	佩戴手套，零件放置牢固后，撤去手部
样坯上有毛刺，尖角刺伤或划伤手部	去除毛刺，佩戴手套
物件掉落，砸伤足部	穿安全鞋，物件摆放在牢靠位置

危害因素	控制措施
划线时划伤手面	佩戴手套,正确使用划线工具
抛掷零件或工量具,零件或工量具损坏	禁止抛掷
现场地面存在液体滑倒摔伤	穿防滑鞋,及时清理液体
锉削时,锉刀刺伤手心	不使用无柄的锉刀和木柄已裂开的锉刀
用嘴吹锉屑,铁屑进入眼睛	不许用嘴吹锉屑
用手清理锉屑	用钢丝刷清理铁屑

活动 2　锉削步骤

步骤一：检测工件，判断尺寸和几何公差是否合格，并进行表面清理和涂色。

步骤二：识读锯削图样，分析工件上需要划线的部位，明确划线尺寸要求。

步骤三：以④为基准面，依次完成尺寸 50mm 的双面划线，见图 1-3-12。

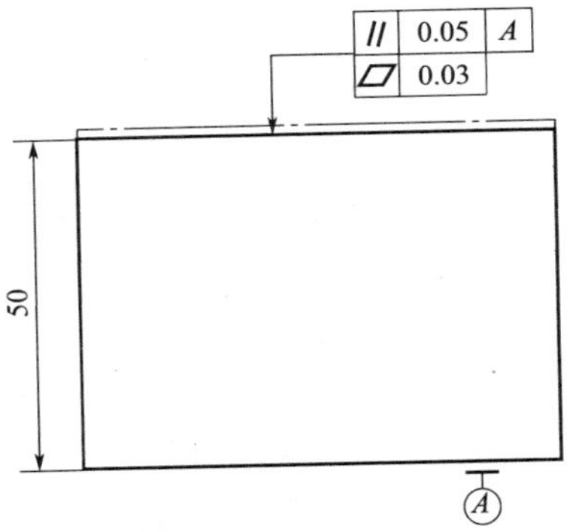

步骤四：将工件夹持在台虎钳偏右位置，工件表面高出钳口面 15mm 左右，与钳口上面平行。夹紧要牢固。

步骤五：粗加工锉削（粗锉）。选用 1 号锉刀进行大吃刀量加工，以快速去掉工件大部分余量，留下半精锉余量 0.5mm 左右。

步骤六：半精加工锉削（半精锉）。选用 2 号和 3 号锉刀进行小吃刀量加工，留下精锉余量 0.1mm 左右。

步骤七：精加工锉削（精锉）。选用 4 号锉刀进行微小吃刀量加工，同时消除半精锉加工产生的锉痕，达到尺寸和形位精度以及表面粗糙度要求。留下精锉余量 0.05mm 左右。

图 1-3-12　锉削划线

步骤八：光整锉削。选用 5 号油光锉刀或用砂布进行打磨加工，控制尺寸在（50±0.03）mm 公差范围内，并进一步降低表面粗糙度。

步骤九：使用外径千分尺测量尺寸 50mm。使用刀形样板平尺对锉削表面的直线度和平面度进行检查。

步骤十：对图形、尺寸进行自检校对，详细检查锉削的准确性。确认无误后，上交。

活动 3　锉削练习

按照任务要求，完成锉削任务。

活动 4　锉削常见缺陷练习

锉削时产生废品的原因分析见表 1-3-4。

表 1-3-4　锉削时产生废品的原因分析

废品形式	产生原因
零件表面夹伤或变形	① 台虎钳未装软钳口； ② 夹紧力过大
零件尺寸偏小	① 划线不准确； ② 未及时测量或测量不准确
零件平面度超差	① 选用锉刀不当或锉刀面中凹； ② 锉削时双手推力、压力应用不协调； ③ 未及时检查平面度就改变锉削方法
零件表面粗糙度超差	① 锉刀齿纹选用不当； ② 锉纹中间嵌有锉屑； ③ 加工余量选择不当

活动 5　现场洁净

① 物品、器具分类摆放整齐，无没用的物件。
② 清扫操作区域，保持工作场所干净、整洁。
③ 产生的废弃物品，统一回收到垃圾桶，不可随意丢弃。
④ 关闭水电气和门窗，最后离开教室的学生锁好门锁。

活动 6　撰写实训报告

回顾锉削过程，每人写一份总结报告，内容包括心得体会、团队完成情况、个人参与情况、做得好的地方、尚需改进的地方等。

考核
评价

① 学生按照任务要求，进行自查、互评与总结。
② 教师参照评分标准进行考核评价。
③ 师生总结评价，改进不足，将来在学习或工作中做得更好。

序号	考核项目	考核内容	配分/分	得分/分
1	技能训练	锉刀使用合理	20	
		锉削平面整齐、光亮	10	
		尺寸及线条位置公差(50±0.03)mm	20	
		实训报告全面、体会深刻	15	
2	求知态度	求真求是、主动探索	5	
		执着专注、追求卓越	5	
3	安全意识	着装和个人防护用品穿戴正确	5	
		爱护工器具、机械设备，文明操作	5	
		如发生人为的操作安全事故、设备人为损坏、伤人等情况,安全意识不得分		

续表

序号	考核项目	考核内容	配分/分	得分/分
4	交流沟通	交谈恰当、文明礼貌、尊重他人	3	
		自主参与程度、主动性	4	
5	现场整理	劳动主动性、积极性	3	
		保持现场环境整齐、清洁、有序	5	

子任务二　锉削件的平面度、平行度和垂直度检测

学习目标

1.能力目标
① 能进行平面度和平行度误差检测及数据处理。
② 能进行垂直度误差的检测及数据处理。
2. 素质目标
① 通过规范学生的着装、工具使用、文明操作等，培养学生的安全意识。
② 通过信息收集、小组讨论、练习、考核等教学活动，培养学生追求卓越的工匠精神、主动探索的科学精神和团结协作的职业精神。
③ 通过实训场地的整理、整顿、清扫、清洁，培养学生的劳动精神。
3. 知识目标
① 掌握平面度、平行度和垂直度的检测方法。
② 掌握平面度、平行度和垂直度检测数据的处理方法。

任务描述

工件的锉削质量应进行检测，依据检测数据判断好坏。锉削质量可通过平面度、平行度和垂直度体现出来。
作为检修车间的技术人员，请按照图1-3-1完成锉削件的平面度、平行度和垂直度检测。

一、杠杆百分表

杠杆表是利用杠杆齿轮传动将测杆的直线位移变为指针的角位移的计量器具，主要用于比较测量和产品形位误差的测量。杠杆表有杠杆百分表和杠杆千分表之分，其结构基本相同，只是测量精度不等。杠杆百分表体积较小，测量杆的方向可以改变，所以在校正和测量时比普通百分表方便，适用于测量钟表式百分表难以测量的小孔、凹槽、孔距、坐标尺寸、内孔径向跳动、端面跳动等。其分度值有 0.01mm、0.002mm 和 0.001mm 三种，示值范围为±0.4mm。活动测杆可在 220°范围内调整。杠杆百分表的结构如图 1-3-13 所示。杠杆百分表的使用方法如图 1-3-14 所示。

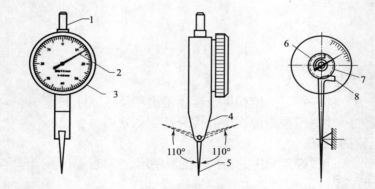

图 1-3-13　杠杆百分表的结构

1—轴套；2—指针；3—表盘；4—表体；5—球面测杆；6—游丝；7—圆柱齿轮；8—扇形齿轮

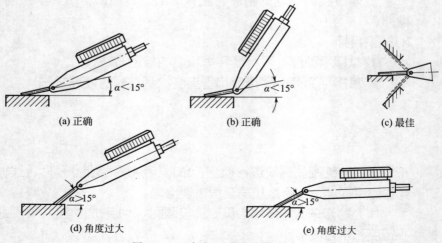

图 1-3-14　杠杆百分表的使用方法

使用杠杆百分表注意事项如下。

① 百分表应固定在可靠的表架上，测量前必须检查百分表是否夹牢，并多次提拉百分表球面测杆与工件接触，观察其重复指示值是否相同。

② 测量时，不准用工件撞击测头，以免影响测量精度或撞坏百分表。为保持一定的起始测量力，测头与工件接触时，测量杆应有 0.3～0.5mm 的预压测量行程。

③ 测量杆上不要加油，以免油污进入表内，影响百分表的灵敏度。

二、平面度和平行度误差的测量原理

测量被测表面的几何误差时，通常用被测表面上均匀布置的一定数量的测点来代替整个实际表面。然后，处理这些数据，求解该被测表面的平面度误差值和平行度误差值。

误差可用指示表和精密平板测量，其测量装置如图 1-3-15 所示。测量被测零件 2 时将其底面放置在平板工作面上，以平板 3 的工作面作为测量基准。使用放置在平板工作面上的量块组 4 调整指示表 1 的示值零位（如果只测量平面度误差和平行度误差，也可使用量块组），然后用调整好示值零位的指示表测量实际被测表面各测点对量块组尺寸的偏差，它们分别由指示表在各测点的示值读出，经过数据处理，求得平面度误差值。这些示值中的最大示值与最小示值的代数差即为平行度误差值。

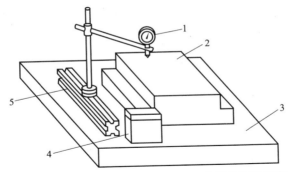

图 1-3-15 用指示表测量同一表面的平面度误差和平行度误差

1—指示表；2—被测零件；3—精密平板；4—量块组；5—测量架

三、平面度误差判别方法

1. 按最小包容区域评定

由两个平行平面包容实际被测表面时，若实际被测表面各测点中至少有四个测点分别与这两个平行平面接触。且满足下列条件之一，即形成最小包容区域。

（1）三角形准则 如图 1-3-16 所示，其接触形式为三个高点与一个低点（或三个低点与一个高点）。被测表面应有三个最高（或最低）点与两平行平面中的一个平面接触，一个最低（或最高）点与另一平面接触，且最低点（或最高点）的投影落在由三个最高（或最低）点形成的三角形内。满足上述条件，则该两平行平面就构成最小包容区域，其宽度 f 即为该被测表面的平面度误差，这种判别方法称为三角形准则。

（2）交叉准则 如图 1-3-17 所示，其接触形式为两个高点与两个低点。被测表面上应有两个最高点与两平行平面中的一个平面接触，两个最低点与另一平面接触，且由两最高点

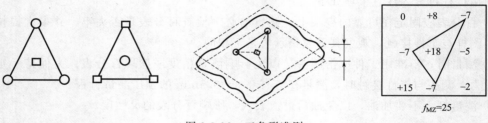

图 1-3-16 三角形准则

和两最低点分别连成的直线在空间呈交叉状态。满足上述条件，则该两平行平面就构成最小包容区域，其宽度 f 即为该被测表面的平面度误差，这种判别方法称为交叉准则。

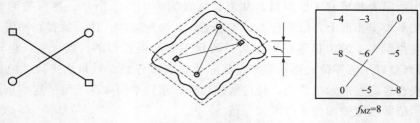

图 1-3-17 交叉准则

2. 按对角线平面评定

用通过实际被测表面的一条对角线且平行于另一条对角线的平面作为评定基准，以各测点对此评定基准的偏离值中的最大偏离值与最小偏离值的代数差作为平面度误差值。测点在对角线平面上方时，偏离值为正值。测点在对角线平面下方时，偏离值为负值。

应当指出，无论用何种测量方法测量任何实际表面的平面度误差，按最小包容区域评定的误差值一定小于或等于按对角线平面法或其他方法评定的误差值，因此按最小包容区域评定平面度误差值可以获得最佳的技术经济效益。

四、平面度和平行度数据处理和计算示例

按图 1-3-17 所示的测量装置，以平板工作面作为测量基准，在实际被测表面上均匀布置 9 个测点，见图 1-3-18（a）。

−10	+5	−3		0	+15	+7
(a_1)	(a_2)	(a_3)		(a_1)	(a_2)	(a_3)
−24	+8	−8		−14	+18	+2
(b_1)	(b_2)	(b_3)		(b_1)	(b_2)	(b_3)
−9	−24	−12		+1	−14	−2
(c_1)	(c_2)	(c_3)		(c_1)	(c_2)	(c_3)

(a) 指示表在各测点的示值(μm)　　(b) 各测点的示值与第一个测点a_1的示值的代数差(μm)

图 1-3-18 实际被测表面 9 个测点的测量数据

1. 平面度误差测量数据的处理方法

为了方便测量数据的处理，首先求出图 1-3-18（a）所示 9 个测点的示值与第一个测点 a

的示值（—10μm）的代数差，得到图 1-3-18（b）所示 9 个测点的数据。

评定平面度误差值时，首先将测量数据进行坐标转换，把实际被测表面上各测点对测量基准的坐标值转换为对评定方法所规定的评定基准的坐标值。各测点之间的高度差不会因基准转换而改变。在空间直角坐标系里，取第一行横向测量线为 x 坐标轴，第一条纵向测量线为 y 坐标轴，测量方向为 z 坐标轴，第一个测点 a_1 为原点 O，测量基准为 Oxy 平面。换算各测点的坐标值时，以 x 坐标轴和 y 坐标轴作为旋转轴。设绕 x 坐标轴旋转的单位旋转量为 q，绕 y 坐标轴旋转的单位旋转量为 p，则当实际被测表面绕 x 坐标轴旋转、再绕 y 坐标轴旋转时，实际被测表面上各测点的综合旋转量如图 1-3-19 所示（位于原点的第一个测点 a_1 的综合旋转量为零）。各测点的原坐标值加上综合旋转量，就求得坐标转换后各测点的坐标值。

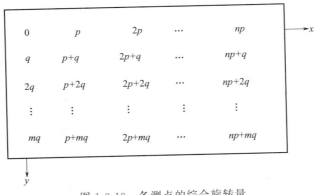

图 1-3-19　各测点的综合旋转量

（1）按对角线平面评定平面度误差值　按图 1-3-18（b）所示的数据，为了获得对角线平面，使 a_1、c_3 两点和 a_3、c_1 两点旋转后分别等值，由图 1-3-18（b）和图 1-3-19 得出下列关系式。

$$\begin{cases} -2+2p+2q=0 \\ +7+2p=+1+2q \end{cases}$$

经求解，得到绕 y 轴和 x 轴旋转的单位旋转量分别为（正、负号表示旋转方向）：$p=-1\mu m$，$q=+2\mu m$。

因此，求得各测点的综合旋转量见图 1-3-20（a）。把图 1-3-18（b）和图 1-3-20（a）中的对应数据分别相加，则求得第一次坐标转换后各测点的数据见图 1-3-20（b）。

0	−1	−2
(a_1)	(a_2)	(a_3)
+2	+1	0
(b_1)	(b_2)	(b_3)
+4	+3	+2
(c_1)	(c_2)	(c_3)

0	+14	+5
(a_1)	(a_2)	(a_3)
−12	+19	+2
(b_1)	(b_2)	(b_3)
+5	−11	0
(c_1)	(c_2)	(c_3)

（a）各测点的综合旋转量(μm)　　（b）第一次坐标转换后各测点的数据(μm)

图 1-3-20　按对角线平面评定平面度误差值

由图 1-3-20（b）可知，对角线平面（评定基准）为通过 $a_1(0)$、$c_3(0)$ 两个角点的连线，且平行于 $a_3(+5)$、$c_1(+5)$ 两个角点的连线的平面，因此按对角线平面评定的平面度误差值 f_{DL} 为：

$$f_{DL} = (+19) - (-12) = 31\mu m = 0.031mm$$

f_{DL} 大于图样上标注的平面度公差值（0.03mm），故不合格。

（2）按最小包容区域评定平面度误差值　分析图 1-3-20（b）所示 9 个测点的数据，估计实际被测表面可能呈中凸形，符合最小包容区域的三角形准则，选取 b_1、c_2、a_3 三点为三个低极点，高极点 b_2 的投影落在 $\triangle b_1 c_2 a_3$ 内。因此，处理数据时，使 b_1、c_2、a_3 三点旋转后等值，由图 1-3-20（b）和图 1-3-19 得出下列关系式：

$$-12 + q = -11 + p + 2q = +5 + 2p$$

经求解，得到绕 y 轴和 x 轴旋转的单位旋转量分别为：$p = -6\mu m$，$q = +5\mu m$。

因此，求得各测点的综合旋转量见图 1-3-21（a）。把图 1-3-20（b）和图 1-3-21（a）中的对应数据分别相加，则求得第二次坐标转换后各测点的数据见图 1-3-21（b）。

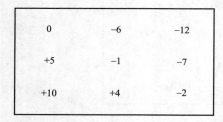
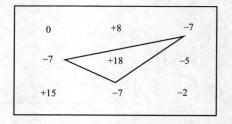

(a) 各测点的综合旋转量(μm)　　　(b) 第二次坐标转换后各测点的数据(μm)

图 1-3-21　按最小包容区域评定平面度误差值

由图 1-3-21（b）的数据看出，b_1、c_2、a_3 三点符合三角形准则。按最小包容区域评定的平面度误差值 f_{MZ} 为：

$$f_{MZ} = (+18) - (-7) = 25\mu m = 0.025mm$$

f_{MZ} 小于图样上标注的平面度公差值（0.03mm），故合格。

应当指出，在图 1-3-20（b）所示数据的基础上。本例仅进行一次坐标转换，就获得符合最小包容区域判别准则的平面度误差值。而在实际工作中常常由于极点选择不准确，需要进行几次坐标转换，才能获得符合最小包容区域判别准则的平面度误差值。

2. 平行度误差测量数据的处理方法

由图 1-3-18（a）确定高极点为 $b_2(+8)$，低极点为 $b_1(-24)$，求得平行度误差值 f_U 为：

$$f_U = (+8) - (-24) = 32\mu m = 0.032mm$$

f_U 小于平行度公差值（0.04mm），故合格。

五、垂直度误差的检测

1. 常规测量

将被测零件放置在平板上，用直角尺测量被测表面，如图 1-3-22 所示。间隙小时看标准光隙估读误差值，间隙大时（大于 $30\mu m$）可用塞尺测量误差值。

标准光隙是由量块、刀口尺和平面平晶（或精密平板）组合而成的，如图 1-3-23 所示。标准光隙的大小借助于光线通过狭缝时，呈现各种不同颜色的光束来鉴别。一般来说，当间隙＞2.5μm 时，光隙呈白色；间隙为 1.25～1.75μm 时，光隙呈红色；间隙约为 0.8μm 时，光隙呈蓝色；间隙＜0.5μm 时，则不透光。

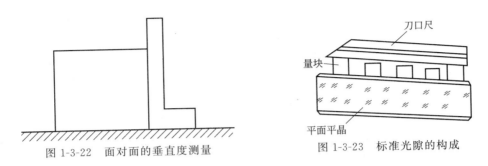

图 1-3-22　面对面的垂直度测量　　　　图 1-3-23　标准光隙的构成

2. 精密测量

测量时，将被测工件的基准面固定在精密直角座上，如图 1-3-24 所示，同时调整靠近基准的被测表面的读数为最小值，取指示器在整个被测表面各点测得的最大与最小读数之差作为该工件的垂直度误差。

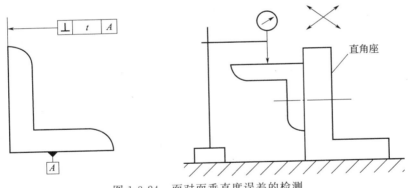

图 1-3-24　面对面垂直度误差的检测

任务
实施

活动 1　危险辨识

钳工训练时，时常发生机械伤害事故，对人员造成伤害。作业前，应进行危险辨识，找出潜在的危害因素并制定控制措施，预防事故的发生。锉削作业常见危害因素及控制措施见表 1-3-3。

活动 2 检测步骤

1. 垂直度误差的检测

步骤一：按图 1-3-1 所示，将锉削件以其④基准表面放置在划线平板的工作面上。该工作面既作为测量基准，又模拟体现测量垂直度误差时的基准平面。

步骤二：将精密直角尺贴紧在被测表面上。使用 0.03mm 厚塞尺测量间隙。若能塞入，则垂直度误差不合格，若不能塞入，则垂直度误差合格。

2. 平面度和平行度误差的检测

步骤一：选择百分表作为指示器，检查其完整性和灵活性。

步骤二：将锉削件以其④基准表面放置在划线平板的工作面上。该工作面既作为测量基准，又模拟体现测量平面度和平行度误差时的基准平面。

步骤三：在实际被测表面上均匀布置若干测点并标出这些测点的位置。在空间直角坐标系里，各相邻两测点在 x 坐标方向上的距离皆相等，各相邻两测点在 y 坐标方向上的距离也皆相等；z 坐标方向为测量方向。

步骤四：按图样上标注的理论正确尺寸选取几块量块，并将它们组合成尺寸为 50mm 的量块组。然后，将该量块组放置在划线平板的工作面上。

步骤五：调整百分表的示值归零。调整百分表在测量架上的位置，使指示表的测头与量块组的上测量面接触，并使百分表具有一定压缩量。转动表盘（分度盘），将表盘上的零刻线对准长指针。

步骤六：移动测量架，用调整好示值零位的百分表测量各测点至划线平板的距离，读出各测点的示值，同时在数据矩阵表中记录这些示值。

$a_1 =$	μm	$a_2 =$	μm	$a_3 =$	μm
$b_1 =$	μm	$b_2 =$	μm	$b_3 =$	μm
$c_1 =$	μm	$c_2 =$	μm	$c_3 =$	μm

步骤七：数据处理。按定向最小包容区域，计算出旋转后的数值，并记录在数据矩阵表中。求解出平面度误差值。

$a_1' =$	μm	$a_2' =$	μm	$a_3' =$	μm
$b_1' =$	μm	$b_2' =$	μm	$b_3' =$	μm
$c_1' =$	μm	$c_2' =$	μm	$c_3' =$	μm
		平面度误差 $=$	mm		

步骤八：判断求解出的平面度误差是否小于 0.03mm。若超过 0.03mm，则超差不合格。

步骤九：在各测点的示值中找出最大值和最小值，计算出平行度误差。

最大值	μm
最小值	μm
平行度误差	mm

活动 3　检测练习

1. 组织分工

学生 2~3 人为一组，按照任务要求分工，明确各自职责。

序号	人员	职责
1		
2		
3		

2. 完成工作任务

① 锉削件的平面度和平行度误差检测。

② 锉削件的垂直度误差检测。

活动 4　现场洁净

① 物品、器具分类摆放整齐，无没用的物件。

② 清扫操作区域，保持工作场所干净、整洁。

③ 产生的废弃物品，统一回收到垃圾桶，不可随意丢弃。

④ 关闭水电气和门窗，最后离开教室的学生锁好门锁。

活动 5　撰写总结报告

回顾平面度、平行度和垂直度检测过程，每人写一份总结报告，内容包括学习心得、团队完成情况、个人参与情况、做得好的地方、尚需改进的地方等。

考核
评价

① 学生以小组为单位，按照任务要求，进行自查、互评与总结。

② 教师参照评分标准进行考核评价。

③ 师生总结评价，改进不足，将来在学习或工作中做得更好。

化工设备检维修

序号	考核项目	考核内容	配分/分	得分/分
1	技能训练	平面度的检测	25	
		平行度的检测	15	
		垂直度的检测	15	
		实训报告全面、体会深刻	10	
2	求知态度	求真求是、主动探索	5	
		执着专注、追求卓越	5	
3	安全意识	着装和个人防护用品穿戴正确	5	
		爱护工器具、机械设备,文明操作	5	
		如发生人为的操作安全事故、设备人为损坏、伤人等情况,安全意识不得分		
4	团结协作	分工明确、团队合作能力	3	
		沟通交流恰当,文明礼貌、尊重他人	2	
		主动性、积极性	2	
5	现场整理	劳动主动性、积极性	3	
		保持现场环境整齐、清洁、有序	5	

任务四
钻孔

学习目标

1. 能力目标
　　① 会正确地使用台式钻床。
　　② 能按图纸进行钻孔操作。
2. 素质目标
　　① 通过规范学生的着装、工具使用、文明操作等，培养学生的安全意识。
　　② 通过信息收集、小组讨论、练习、考核等教学活动，培养学生追求卓越的工匠精神、主动探索的科学精神和团结协作的职业精神。
　　③ 通过实训场地的整理、整顿、清扫、清洁，培养学生的劳动精神。
3. 知识目标
　　① 掌握台式钻床的操作方法。
　　② 掌握钻头折断的原因和防止方法。

任务描述

　　用钻头在实体材料上加工出孔的操作称为钻孔。用钻床钻孔时，工件装夹在钻床的工作台上固定不动，钻头装夹在钻床主轴上随主轴一起旋转，并沿钻头轴线做直线运动。钻孔时，由于钻头的刚性和精度较差。因此钻孔加工的精度不高，表面粗糙度 $R_a \geqslant 12.5\,\mu m$。

　　作为化工厂的一名设备维修员，请按照图1-4-1完成Q235钢板的钻孔操作。

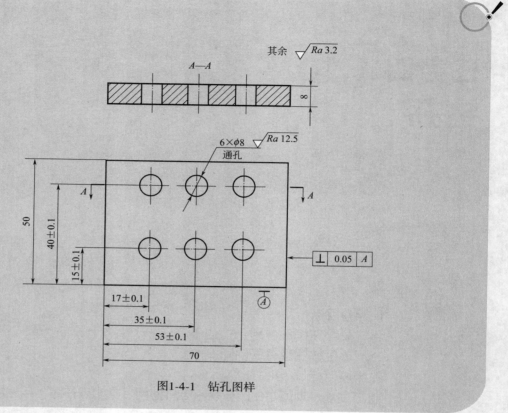

图1-4-1　钻孔图样

一、立式钻床

立式钻床是主轴箱和工作台安置在立柱上，主轴垂直布置的钻床，简称立钻，如图 1-4-2 所示。立钻的刚性好、强度高、功率较大，其最大钻孔直径有 25mm、35mm、40mm 和 50mm 等。该类钻床可进行钻孔、扩孔、锪孔、铰孔和攻螺纹等操作。

立钻由主轴箱 6、电动机 7、进给箱 8、立柱 9、工作台 1、底座 10 等组成。电动机通过主轴箱驱动主轴旋转，变更变速手柄的位置，可使主轴获得多种转速。通过进给箱，可使主轴获得多种机动进给速度，转动进给手柄可以实现手动进给。工作台装在床身导轨的下方，也可沿床身导轨上下移动，以适应不同高度工件的加工。

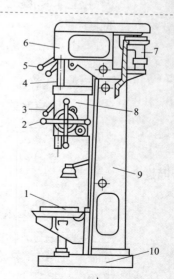

图 1-4-2　立式钻床

1—工作台；2—进给手柄；3—开关；4—主轴；
5—变速手柄；6—主轴箱；7—电动机；
8—进给箱；9—立柱；10—底座

立式钻床的使用及维护保养注意事项如下：

① 使用前必须空运转试车，机床各部分运转正常后方可进行操作。

② 使用时，如不采用自动进给，必须脱开自动进给手柄。

③ 调整主轴转速或自动进给时，必须在停车后进行。

④ 经常检查润滑系统的供油情况。

二、钻头

钻头的种类很多，有麻花钻、扁钻、深孔钻、中心钻等，钳工常用的是麻花钻。

麻花钻用高速钢材料制成，并经热处理淬硬。麻花钻由柄部、颈部和工作部分组成，其构造如图 1-4-3 所示。

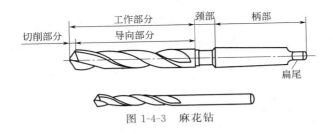

图 1-4-3 麻花钻

柄部的作用是使钻头和钻床主轴相连接，以传递转矩。直径小于 13mm 的钻头柄部多是圆柱形，用钻夹头安装并夹紧在钻床主轴上。直径大于 13mm 的钻头柄部多为莫氏锥柄，直接插入钻床主轴锥孔内。颈部是磨制钻头时供砂轮退刀的工艺槽，一般在此处刻印钻头规格及商标。工作部分由切削部分和导向部分组成。切削部分起主要切削作用，它包括两条主切削刃和横刃。导向部分在钻孔时起引导钻头方向和修光孔壁的作用，同时也是切削部分的备磨部分。导向作用是靠两条沿螺旋槽高出 0.5~1mm 的棱边（刃带）与孔壁接触来完成的，它的直径略有倒锥，倒锥量在 100mm 长度内为 0.03~0.12mm，其作用是减少钻头与孔壁间的摩擦。导向部分上的两条螺旋槽，用来形成主切削刃和前角，并起着排屑和输送切削液的作用。

三、钻削用量的选择

钻削用量是指钻削过程中的切削速度、进给量和背吃刀量。合理选择钻削用量，可提高钻孔精度、生产率，并能防止机床过载或损坏。

切削速度是钻削时钻头切削刃上最大直径处的线速度。进给量是钻头每转一转沿进给方向移动的距离。

钻孔时选择钻削用量应根据工件材料的硬度、强度、孔的表面粗糙度、孔径的大小等因素综合考虑。通常，钻软材料时，转速应快些，进给量小些；钻硬材料时，转速和进给量都要小些。表 1-4-1 为一般钢料的钻削用量。钻削特殊材料时，其切削用量可根据表中所列的数据加以修正。

表 1-4-1　一般钢料的钻削用量

钻孔直径 d/mm	1~2	2~3	3~5	5~10
切削速度 v/(r/min)	10000~2000	2000~1500	1500~1000	1000~750

续表

进给量 f/(mm/r)	0.005～0.02	0.02～0.05	0.05～0.15	0.15～0.3
钻孔直径 d/mm	10～20	20～30	30～40	40～50
切削速度 v/(r/min)	750～350	350～250	250～200	200～120
进给量 f/(mm/r)	0.30～0.50	0.60～0.75	0.75～0.85	0.85～1

在碳素工具钢、铸钢上钻孔时，切削用量减少 1/5 左右；在合金工具钢、合金铸钢上钻孔时，切削用量减少 1/3 左右；在铸铁上钻孔时，进给量增加 1/5 而转速减少 1/5 左右；在有色金属上钻孔时，转速应增加近 1 倍，进给量应增加 1/5。

四、切削液的选择

钻头在钻削过程中，由于切屑的变形及钻头与工件摩擦所产生的切削热，严重影响到钻头的切削能力和钻孔精度，甚至使钻头退火，钻削无法进行。为了延长钻头的使用寿命、提高钻孔精度和生产率，钻削时可根据工件的不同材料和不同的加工要求合理选用切削液，见表 1-4-2。

表 1-4-2　钻削各种材料所用的切削液

工件材料	切削液	工件材料	切削液
各类结构钢	3%～5%乳化液,7%硫化乳化液	铸铁	不用或 5%～8%乳化液,煤油
不锈耐热钢	3%肥皂加 2%亚麻油水溶液,硫化切削油	铝合金	不用或 5%～8%乳化液,煤油,煤油与柴油的混合油
铜	不用或 5%～8%乳化液	有机玻璃	5%～8%乳化液,煤油

孔的精度和表面粗糙度要求高时，应选用主要起润滑作用的油类切削液（如菜油、猪油、硫化切削油等）。

五、钻孔注意事项

① 钻通孔时，当孔将被钻通时，进给量要减小，避免钻头在钻穿时出现"啃刀"现象，损伤钻头，影响加工质量，甚至发生事故。

② 钻不通孔时，可按孔深度调整钻床上的挡块，并通过测量实际尺寸来控制钻孔深度。

③ 在钻削过程中，特别是钻深孔时，要经常退出钻头排出切屑和进行冷却，否则可能使切屑堵塞或钻头过热磨损，甚至扭断钻头，并影响加工质量。

④ 钻削直径大于 30mm 的孔应分两次钻，第一次先钻一个直径较小的孔（为加工孔径的 50%～70%），第二次用钻头将孔扩大到所要求的直径。这样可以减小转矩和轴向阻力，既保护了钻床，又提高了钻孔质量。

⑤ 钻削时要注意冷却润滑；钻削钢件时常用机油或乳化液；钻削铝件时常用乳化液或煤油；钻削铸铁时则用煤油。

六、工件划线

按照钻孔的位置尺寸要求，划出孔位的十字中心线，并在十字中心打上冲眼（位置要准，冲眼直径要尽量小），按照孔的直径要求划出孔的加工线。对于直径比较大的或孔的位置尺寸要求比较高时，还应该划出一至多个直径大小不等且小于加工线的校正线或一个直径大于加工线的检查线，然后在十字中心线与三线（校正线、加工线、检查线）的交点上打上冲眼，见图 1-4-4。

七、工件装夹

钻孔前一般都须将工件夹紧固定，以防钻孔时工件移动折断钻头或使钻孔位置偏移。钻孔直径较大或用手不易拿稳的工件，必须用手虎钳或平口钳装夹，如图 1-4-5 所示。平口钳一般用于装夹外形平整的工件，钻孔直径较大时，必须用螺栓将平口钳固定在钻床工作台面上。

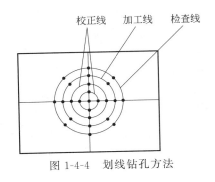

图 1-4-4　划线钻孔方法

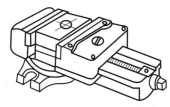

图 1-4-5　平口钳装夹方法

八、钻头的装拆

直柄钻头用钻夹头装夹。钻夹头装在钻床主轴的下端，转动带有小锥齿轮的钻夹头钥匙，直柄钻头可夹紧或松开，如图 1-4-6(a) 所示。

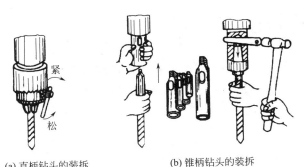

(a) 直柄钻头的装拆　　　　(b) 锥柄钻头的装拆

图 1-4-6　钻头的装拆

锥柄钻头通常直接装夹在钻床主轴的锥孔内。当钻头较小时，需用钻套作为过渡连接，如图 1-4-6(b) 所示。钻套的内外表面都是莫氏锥度。钻套按内径的大小分为 1～5 号，1 号直径最小。1 号钻套的内锥孔为 1 号莫氏锥度，外圆锥为 2 号莫氏锥度。

安装时，锥体的内外表面应擦干净，各锥面套实、蹾紧。拆卸时，将楔铁的圆弧面向上插入主轴或过渡到钻套的长槽孔中，另一面压在钻头的扁尾上加力，使钻头与钻床主轴脱开。手要握住钻头或在工作台面上垫木板，以防钻头掉落后损伤钻头或工作台面。

九、起钻

钻孔开始时，先找正钻头与工件的位置，使钻尖对准钻孔中心，然后试钻一浅坑。如钻出的浅坑与所划的钻孔圆周线不同心，可移动工件或钻床主轴予以校正。若钻头较大或浅坑偏得较多，可用样冲或油槽錾在需多钻去一些的部位錾几条沟槽，以减少此处的切削阻力使钻头偏移过来，达到校正的目的。试钻的位置正确后才可正式钻孔，如图 1-4-7 所示。

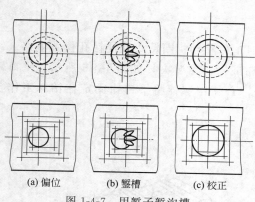

(a) 偏位　　(b) 錾槽　　(c) 校正

图 1-4-7　用錾子錾沟槽

十、收钻

当钻头将钻至要求深度或将要钻穿通孔时，要减小进给量。特别是在通孔将要钻穿时，此时若是机动进给操作，一定要换成手动进给操作，这是因为当钻心刚穿过工件时，轴向阻力突然减小，此时，由于钻床进给机构的间隙和弹性变形的突然恢复，将使钻头以很大的进给量自动切入，容易造成钻头折断、工件移位甚至提起工件等现象。手动进给操作时，要注意减小进给量，轴向阻力变小就可避免发生此类现象。

任务实施

活动 1　危险辨识

钳工训练时，时常发生机械伤害事故，对人员造成伤害。作业前，应进行危险辨识，找出潜在的危害因素并制定控制措施，预防事故的发生。钻孔作业常见危害因素及控制措施见表 1-4-3。

表 1-4-3　钻孔作业危害因素及控制措施

危害因素	控制措施
搬放设备时，手部被夹伤	佩戴手套，零件放置牢固后，撤去手部
样坯上有毛刺、尖角刺伤或划伤手部	去除毛刺，佩戴手套
使用手锤敲击零件被砸伤	佩戴手套，正确使用手锤
物件掉落，砸伤足部	穿安全鞋，物件摆放在牢靠位置
划线时划伤手面	佩戴手套，正确使用划线工具
抛掷零件或工量具，零件或工量具损坏	禁止抛掷
现场地面存在液体滑倒摔伤	穿防滑鞋，及时清理液体

续表

危害因素	控制措施
钻孔时,用手扶工件划伤手指	严禁手扶
用手清除铁屑划伤手指	使用钢丝刷清除铁屑
用嘴吹铁屑,铁屑进入眼睛	不许用嘴吹铁屑
钻孔时,翻转、卡压或测量工件造成机械伤害	钻床停止运转后操作工件
工夹具装夹不牢,钻头飞出伤人	使用专用钥匙夹紧钻头
戴手套操作,发生绞手	严禁佩戴手套操作
触电	接地线接地,电源线绝缘性能好

活动 2　钻孔步骤

步骤一：熟悉图样，选用合适的夹具、量具、钻头（$\phi3$、$\phi6$、$\phi8$ 各一支）、切削液和选择主轴转速。

步骤二：钻头修磨。对所需钻头进行修磨并达到基本要求。

步骤三：划线。划出孔加工线（必要时可划出校正线、检查线），并加大圆心处的冲眼，便于钻尖定心。

以 Ⓐ 为基准面，依次完成尺寸 15mm、40mm 的双面划线；以 Ⓑ 为基准面，依次完成尺寸 17mm、35mm、53mm 的双面划线，见图 1-4-8。

步骤四：把钢板装夹在平口钳上，并校正工件。

步骤五：起钻。先用钻尖对准圆心处的冲眼钻出一个小浅坑。目测浅坑的圆周与加工线的同心程度，若无偏移，则可继续下钻；若发生偏移，则先找正。当钻至钻头直径与加工线重合时，起钻阶段完成。

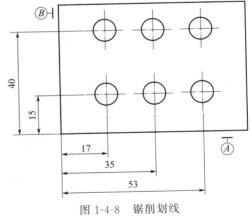

图 1-4-8　锯削划线

步骤六：中途钻削。当起钻完成后，即进入中途深度钻削，采用手动进给钻削。钻孔时加注切削液。先钻 $\phi3$、$\phi6$ 通孔，后钻 $\phi8$ 通孔，注意控制钻孔深度。

步骤七：收钻。当钻头将钻至要求深度或将要钻穿通孔时，减小进给量，以免钻头折断。

步骤八：卸下工件并清理钻床。

步骤九：对图形、尺寸进行自检校对，详细检查钻孔的准确性以及是否有漏钻。确认无误后，上交。

活动 3　钻孔练习

按照任务要求，完成钻孔练习。

活动4　现场洁净

① 物品、器具分类摆放整齐，无没用的物件。
② 清扫操作区域，保持工作场所干净、整洁。
③ 产生的废弃物品，统一回收到垃圾桶，不可随意丢弃。
④ 关闭水电气和门窗，最后离开教室的学生锁好门锁。

活动5　撰写总结报告

回顾钻孔过程，每人写一份总结报告，内容包括心得体会、团队完成情况、个人参与情况、做得好的地方、尚需改进的地方等。

① 学生按照任务要求，进行自查、互评与总结。
② 教师参照评分标准进行考核评价。
③ 师生总结评价，改进不足，将来在学习或工作中做得更好。

序号	考核项目	考核内容	配分/分	得分/分
1	技能训练	钻床和钻头使用合理	15	
		尺寸与钻孔位置公差±0.1mm	35	
		实训报告全面、体会深刻	15	
2	求知态度	求真求是、主动探索	5	
		执着专注、追求卓越	5	
3	安全意识	着装和个人防护用品穿戴正确	5	
		爱护工器具、机械设备，文明操作	5	
		如发生人为的操作安全事故、设备人为损坏、伤人等情况,安全意识不得分		
4	沟通交流	交谈恰当,文明礼貌、尊重他人	3	
		主动性、积极性	4	
5	现场整理	劳动主动性、积极性	3	
		保持现场环境整齐、清洁、有序	5	

任务五
攻螺纹

学习目标

1. 能力目标
    ① 能正确使用丝锥和铰杠。
    ② 能在钢板表面进行攻螺纹操作。
2. 素质目标
    ① 通过规范学生的着装、工具使用、文明操作等，培养学生的安全意识。
    ② 通过信息收集、小组讨论、练习、考核等教学活动，培养学生追求卓越的工匠精神、主动探索的科学精神和团结协作的职业精神。
    ③ 通过实训场地的整理、整顿、清扫、清洁，培养学生的劳动精神。
3. 知识目标
    ① 掌握丝锥和铰杠的结构和使用方法。
    ② 掌握丝锥攻螺纹的加工技能。

任务描述

　　除采用机械加工获得螺纹外，还可以通过钳工用手工方法获得螺纹，攻螺纹操作是常用的手工螺纹方法。用丝锥加工零件内螺纹的操作称为攻螺纹。

　　作为化工厂的一名设备维修员，请按照图1-5-1攻螺纹图样完成Q235钢板表面的攻螺纹操作。

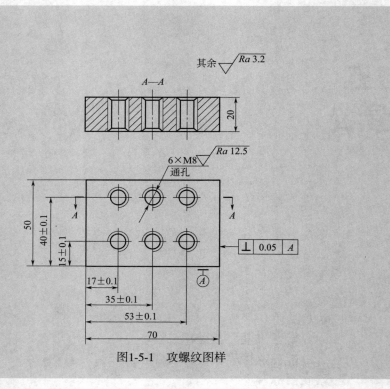

图1-5-1　攻螺纹图样

一、丝锥

丝锥是用来切削内螺纹的工具，如图 1-5-2 所示，分为手用丝锥和机用丝锥两种。手用丝锥由合金工具钢或轴承钢制成，机用丝锥用高速钢制成。

丝锥由工作部分和柄部组成，工作部分包括切削部分和校准部分。切削部分起主要切削作用，呈锥形，其上开有几条容屑槽，以形成切削刃和前角。刀齿高度由端部逐渐增大，使切削负荷分布在几个刀齿上，切削省力，刀齿受力均匀，不易崩齿或折断，丝锥也容易正确切入。校准部分有完整的齿形，起导向及修光作用。柄部有方榫，用来传递转矩。

手用丝锥为了减少攻螺纹时的切削力和延长丝锥的使用寿命，将切削负荷分配给一组丝锥，通常 2～3 支丝锥组成一组。其切削负荷的分配有两种形式，锥形分配和柱形分配，如图 1-5-3 所示。切削负荷采用锥形分配时，同组丝锥的大径、中径和小径都相等，只是切削部分的长度和锥角不等。头锥切削部分的长度为 5～7 个螺距，二锥是 2.5～4 个螺距，三锥是 1～2 个螺距。切削负荷采用柱形分配时，同组丝锥的大径、中径和小径都不等，随头锥、二锥、三锥依次增大。攻螺纹时，切削用量分配合理，每支丝锥磨损均匀，使用寿命长。但攻螺纹时顺序不能搞错。

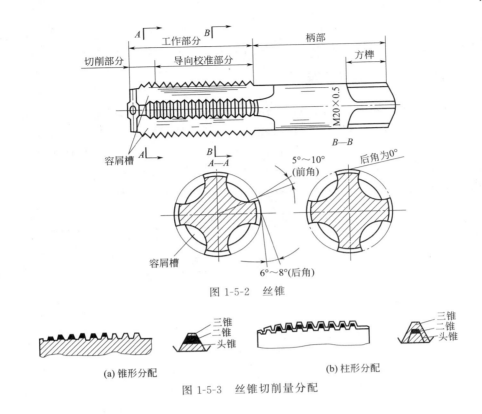

图 1-5-2　丝锥

图 1-5-3　丝锥切削量分配

二、铰杠

铰杠是用来夹持丝锥柄部的方榫，带动丝锥旋转切削的工具。常用的铰杠有普通铰杠和丁字铰杠，如图 1-5-4 和图 1-5-5 所示，各类铰杠又分为固定式和可调式两种。

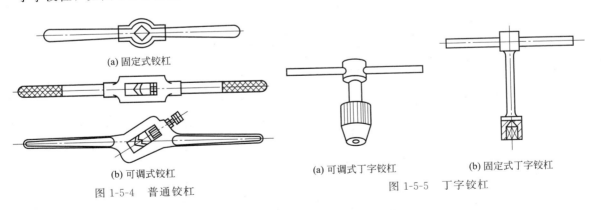

(a) 固定式铰杠

(b) 可调式铰杠

图 1-5-4　普通铰杠

(a) 可调式丁字铰杠

(b) 固定式丁字铰杠

图 1-5-5　丁字铰杠

固定式普通铰杠用于攻制 M5 以下螺纹孔，可调式普通铰杠应根据丝锥尺寸大小合理选用，参见表 1-5-1。

表 1-5-1　可调式铰杠的适用范围

铰杠规格/mm	150～200	200～250	250～300	300～350	350～450
适用丝锥范围	≤M6	M8～M10	M12～M14	M14～M16	≥M16

固定式铰杠的方孔尺寸与柄长有一定规格。可调式铰杠的方孔尺寸可以调节，适用范围广泛。可调式铰杠的规格用长度表示，使用时应根据铰刀尺寸大小合理选用。

三、确定攻螺纹时底孔直径

攻螺纹时，丝锥在切削材料的同时，还产生挤压，使材料向螺纹牙尖流动。若攻螺纹前底孔直径与螺纹内径相等，被挤出的材料就会卡住丝锥甚至使丝锥折断。并且材料的塑性越大，挤压作用越明显。因此攻螺纹前底孔直径的大小，应从被加工材料的性质考虑，保证攻螺纹时既有足够的空间来容纳被挤出的材料，又能够使加工出的螺纹有完整的牙形。

攻螺纹前螺纹底孔直径可以根据工件的材料性质和螺纹直径的大小通过查表1-5-2确定。

表 1-5-2　普通攻螺纹底孔的钻头直径

公称直径	螺距	钻头直径 $D_{钻}$	
D	P	铸铁、青铜、黄铜	钢、可锻铸铁、紫铜、层压板
2	0.4 0.25	1.6 1.75	1.6 1.75
2.5	0.45 0.35	2.05 2.15	2.05 2.15
3	0.5 0.35	2.5 2.65	2.5 2.65
4	0.7 0.5	3.3 3.5	3.3 3.5
5	0.8 0.6	4.1 4.5	4.2 4.5
6	1 0.7	4.9 5.2	5 5.2
8	1.25 1 0.75	6.6 6.9 7.1	6.7 7 7.2
10	1.5 1.25 1 0.75	8.4 8.6 8.9 9.1	8.5 8.7 9 9.2
12	1.75 1.5 1.25 1	10.1 10.4 10.6 10.9	10.2 10.5 10.7 11
14	2 1.5 1	11.8 12.4 12.9	12 12.5 13
16	2 1.5 1	13.8 14.4 14.9	14 14.5 15
18	2.5 2 1.5 1	15.3 15.8 16.4 16.9	15.5 16 16.5 17

四、起攻

起攻是攻螺纹操作的关键环节，直接影响操作是否成功和攻螺纹的质量。

（1）起攻握法　用头锥起攻时，一手按住铰杠中部，对丝锥施加压力，用另一手握住杠柄一端作顺时针旋转（图1-5-6），当切削部分切入后，再用两手握住杠柄两端均匀施加压力作旋转切入（图1-5-7）。

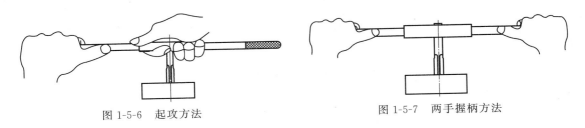

图1-5-6　起攻方法　　　　　　　　图1-5-7　两手握柄方法

（2）起攻检查　在整个起攻阶段，特别要注意丝锥与工件表面的垂直度。当丝锥切入2～3圈后，应对丝锥与工件表面的垂直度进行检查，以保证丝锥中心线与底孔中心线重合。检查时，将铰杠取下，检查的方法有两种：一是从前后、左右两个相互垂直的方向用90°直角尺进行检查，如图1-5-8所示；二是凭借经验进行目测判断，以后每切入1圈后就应检查一次。当丝锥切入5～6圈后，起攻阶段即完成，可进入后续攻削阶段。

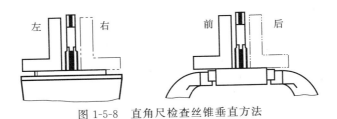

图1-5-8　直角尺检查丝锥垂直方法

（3）纠偏校正　起攻阶段时，若丝锥发生较明显偏斜，须及时进行纠偏操作，其操作方法是：将丝锥回退至开始状态，再将丝锥旋转切入，当接近偏斜位置的反方向位置时，可在该位置适当用力下压并旋转切入进行纠偏，如此反复几次，直至校正丝锥的位置为止，然后再继续攻削，如图1-5-9所示。

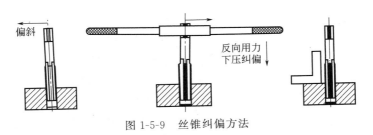

图1-5-9　丝锥纠偏方法

当丝锥切削部分全部切入底孔时就进入了中途攻削阶段，此阶段就不需要再对丝锥施加压力，仅需旋转杠柄即可。

五、攻螺纹注意事项

① 根据丝锥大小选用合适的铰杠，勿用其他工具代替铰杠。

② 攻螺纹时丝锥应垂直于底孔端面，不得偏斜。

③ 丝锥切入 3～4 圈时，只需均匀转动铰杠，且每正转 1/2～1 圈，要倒转 1/4～1/2 圈，以利断屑、排屑。

④ 攻较硬材料时，应头锥、二锥交替使用。

⑤ 攻韧性材料或精度要求较高的螺纹孔时，要选用适宜的切削液。攻螺纹时切削液的选用参见表 1-5-3。

表 1-5-3　攻螺纹时切削液的选用

零件材料	切削液
钢	乳化液、机油、菜油等
铸铁	煤油或不用
铜合金	机械油、硫化油、煤油＋矿物油
铝及铝合金	50％煤油＋50％机械油、85％煤油＋15％亚麻油、松节油

⑥ 攻通孔时，丝锥的校准部分不能全部攻出底孔口，以防退丝锥时造成螺纹乱牙。

活动 1　危险辨识

钳工训练时，时常发生机械伤害事故，对人员造成伤害。作业前，应进行危险辨识，找出潜在的危害因素并制定控制措施，预防事故的发生。攻螺纹作业常见危害因素及控制措施见表 1-5-4。

表 1-5-4　攻螺纹作业危害因素及控制措施

危害因素	控制措施
搬放设备时，手部被夹伤	佩戴手套，零件放置牢固后，撤去手部
样坯上有毛刺、尖角刺伤或划伤手部	去除毛刺，佩戴手套
物件掉落，砸伤足部	穿安全鞋，物件摆放在牢靠位置
划线时划伤手面	佩戴手套，正确使用划线工具
抛掷零件或工量具，零件或工量具损坏	禁止抛掷
现场地面存在液体滑倒摔伤	穿防滑鞋，及时清理液体
用手清理铁屑	用钩子掏出
切屑飞进眼睛	不可用嘴吹

活动 2　攻丝步骤

步骤一：熟悉图样，选用合适的夹具、量具、底孔钻头（$\phi 3$、$\phi 7$）、切削液。

步骤二：划线。划出螺纹孔加工线，并加大圆心处的冲眼，便于钻尖定心。

以④为基准面，依次完成尺寸 15mm、40mm 的双面划线；以⑧为基准面，依次完成尺寸 17mm、35mm、53mm 的双面划线，见图 1-5-10。

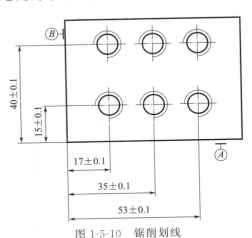

图 1-5-10　锯削划线

步骤三：把钢板装夹在平口钳上，并校正工件。

步骤四：钻底孔。先使用 $\phi 3$ 钻头钻通孔，再使用 $\phi 6$ 钻头钻通孔。

步骤五：起攻。按住铰杠，对丝锥施加压力作旋转切入。检查丝锥与工件表面的垂直度，若丝锥发生较明显偏斜，须及时进行纠偏操作。

步骤六：中途攻削。不对丝锥施加压力，仅旋转杠柄，每次旋转切入 $1/4 \sim 1/2$ 圈时，倒转 $1/2 \sim 1$ 圈，然后再继续旋转切入。头锥、二锥交替攻削至标准尺寸。

步骤七：卸下工件并清理丝杠和丝锥。

步骤八：对图形、尺寸进行自检校对，详细检查攻螺纹的准确性以及是否有漏攻。确认无误后，交件待验。

活动 3　攻丝练习

按照任务要求，完成攻螺纹练习。

活动 4　攻螺纹时常见缺陷分析

攻螺纹时常见缺陷形式及产生的原因见表 1-5-5。

表 1-5-5　攻螺纹时常见缺陷形式及产生原因

缺陷形式	产生原因
丝锥崩刃、折断或磨损过快	① 螺纹底孔直径偏小或深度不够； ② 丝锥刃磨参数不合适； ③ 切削液选择不合适； ④ 机攻螺纹时切削速度过高； ⑤ 手攻螺纹时用力过猛、铰杠掌握不稳、未经常倒转断屑、切屑堵塞； ⑥ 工件材料的韧性过高

续表

缺陷形式	产生原因
螺纹乱牙	① 丝锥磨钝或切削刃上粘有积屑瘤； ② 丝锥与底孔端面不垂直，强行矫正； ③ 机攻螺纹时，校准部分攻出底孔口； ④ 手攻螺纹时，攻入 3～4 圈后仍加压力或用二锥攻时，直接用铰杠旋入； ⑤ 未加切削液，润滑条件差
螺纹牙型不整	① 攻螺纹前底孔直径过大； ② 丝锥磨钝或切削刃刃磨不对称

活动5 现场清洁

① 物品、器具分类摆放整齐，无没用的物件。
② 清扫操作区域，保持工作场所干净、整洁。
③ 产生的废弃物品，统一回收到垃圾桶，不可随意丢弃。
④ 关闭水电气和门窗，最后离开教室的学生锁好门锁。

活动6 撰写总结报告

回顾攻螺纹过程，每人写一份总结报告，内容包括学习心得、团队完成情况、个人参与情况、做得好的地方、尚需改进的地方等。

考核评价

① 学生按照任务要求，进行自查、互评与总结。
② 教师参照评分标准进行考核评价。
③ 师生总结评价，改进不足，将来在学习或工作中做得更好。

序号	考核项目	考核内容	配分/分	得分/分
1	技能训练	丝锥和铰杠使用合理	20	
		尺寸与螺纹孔位置公差±0.1mm	30	
		实训报告全面、体会深刻	15	
2	求知态度	求真求是、主动探索	5	
		执着专注、追求卓越	5	
3	安全意识	着装和个人防护用品穿戴正确	5	
		爱护工器具、机械设备，文明操作	5	
		如发生人的操作安全事故、设备人为损坏、伤人等情况,安全意识不得分		

序号	考核项目	考核内容	配分/分	得分/分
4	沟通交流	交谈恰当,文明礼貌、尊重他人	3	
		主动性、积极性	4	
5	现场整理	劳动主动性、积极性	3	
		保持现场环境整齐、清洁、有序	5	

模块二

泵检维修

任务一
泵轴直线度测量

学习目标

1. 能力目标
　　① 能使用泵轴直线度测量工具。
　　② 能正确地测量泵轴直线度。
2. 素质目标
　　① 通过规范学生的着装、工具使用、文明操作等，培养学生的安全意识。
　　② 通过信息收集、小组讨论、练习、考核等教学活动，培养学生追求卓越的工匠精神、主动探索的科学精神和团结协作的职业精神。
　　③ 通过实训场地的整理、整顿、清扫、清洁，培养学生的劳动精神。
3. 知识目标
　　① 掌握直线度测量工具的使用方法。
　　② 掌握泵轴直线度的测量方法。

任务描述

　　离心泵在运转中，如果出现振动、撞击或扭矩突然加大，将会使泵轴造成弯曲或断裂现象。这些现象的出现会影响离心泵的使用性能，同时，还会大大缩短泵轴的使用寿命，因此，应对泵轴直线度做仔细的检查。

　　作为机修车间的技术人员，请完成离心泵泵轴直线度的测量。

一、任意方向上的直线度公差

直线度是限制被测实际直线对理想直线变动量的一项指标。

任意方向上的直线度公差带的定义：在任意方向上，公差带为直径等于公差值 ϕt 的圆柱面所限定的区域，如图 2-1-1 所示。

任意方向上的直线度公差标注及解释：标注如图 2-1-2 所示，外圆柱面的提取（实际）轴线应限定在直径为 $\phi 0.05$mm 的圆柱面内。

注意：在公差值 t 的前面加注直径符号"ϕ"，表示其公差带的形状为一个圆柱。

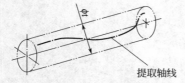
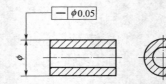

图 2-1-1　任意方向上的直线度公差带　　　　图 2-1-2　任意方向上的直线度公差标注

二、指示器测量法

泵轴直线度的测量常采用指示器测量法。指示器测量法是利用指示器与平板测量被测要素直线度误差的方法，如图 2-1-3 所示。

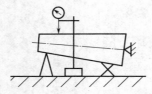
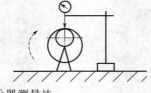

图 2-1-3　指示器测量法

首先将被测素线的两端点调整到与平板等高。在被测素线的全长范围内测量，根据记录的读数用计算法（或图解法）按最小条件（也可按两端点连线法）计算直线度误差。按上述方法测量若干条素线，取其中最大的误差值作为该被测零件的直线度误差。

三、百分表

百分表的结构如图 2-1-4 所示。微分表盘 1 上刻有 100 格刻度。整数表盘 2 上 1 格刻度表示 1mm。测量杆上齿条 10 的齿距为 0.625mm，小齿轮 11 的齿数为 16，大齿轮 12、16 的齿数为 100，中间齿轮 13 的齿数为 10。

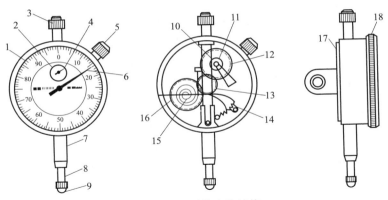

图 2-1-4　百分表的结构

1—微分表盘；2—整数表盘；3—测量杆手柄；4—短指针；5—锁紧手柄；6—长指针；7—表颈；8—测量杆；9—测头；
10—齿条；11—小齿轮；12,16—大齿轮；13—中间齿轮；14—弹簧；15—游丝；17—表壳；18—表圈

1. 百分表的分度原理

当测量杆上升 16 齿（即上升 $0.625 \times 16 = 10 \text{mm}$）时，16 齿的小齿轮正好转动 1 周，同轴大齿轮也同步转动 1 周，同轴大齿轮带动齿数为 10 的中间齿轮和长指针转动 10 周。当测量杆移动 1mm 时，长指针转动 1 周。由于微分表盘等分为 100 格，所以当长指针转动 1 格时，测量杆移动的距离（L）为：

$$L = 1 \times \frac{1}{100} = 0.01 \text{mm}$$

故百分表的分度值为 0.01mm。

2. 百分表的示值范围和精度等级

百分表的示值范围有 0～3mm、0～5mm 和 0～10mm 三种。百分表的制造精度分为 0 级、1 级和 2 级。

3. 百分表的技术参数

百分表的技术参数如表 2-1-1 所示。

表 2-1-1　百分表的技术参数

精度等级	示值误差/mm			适用范围
	0～3	0～5	0～10	
0 级	0.009	0.011	0.014	IT6～IT14
1 级	0.014	0.017	0.021	IT6～IT16
2 级	0.020	0.025	0.030	IT7～IT16

4. 磁性表座及表架的结构

磁性表座及表架的结构如图 2-1-5 所示。

5. 百分表的使用方法和应用场合

① 测量时，应使测量杆垂直于工件被测表面。

② 测量杆预压测量行程 0.3～1mm，使测头具有并保持一定的测量力，防止有负偏差时得不到测量数值，然后转动表圈，使微分表盘的零位线对准大指针。

化工设备检维修

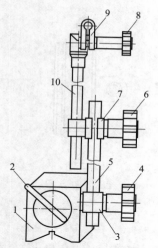

图 2-1-5　磁性表座及表架的结构

1—磁性表座；2—磁路开关旋钮；3,7—表架套卡；
4,6,8—套卡手轮；5,10—表架套杆；9—表头套卡

③ 以零位线为基准，大指针顺时针转动所得到的量值为负（－）值，大指针逆时针转动所得到的量值为正（＋）值。

④ 测量时，应轻提、轻放测量杆；严禁急骤放下测量杆，这样容易产生测量误差。

⑤ 使用百分表座及专门表架，可对长度尺寸进行比较测量。

⑥ 使用百分表座及专门表架，可测量工件的直线度、平面度及平行度误差，可在机床上测量工件的跳动误差。

四、形位误差测量仪

多功能形位误差测量仪（见图 2-1-6）是测量轴类、带孔盘套类零件的圆度、圆柱度、同轴度、轴线直线度、圆跳动等项目的仪器。它的径向回转精度为 $0.4\mu m$，侧导轨直线度为 $6\mu m$，被测零件最大直径为 350mm，被测零件最大长度为 500mm。

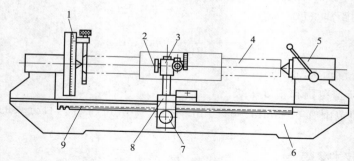

图 2-1-6　多功能形位误差测量仪

1—分度盘；2—手轮；3—表架（传感器）；4—被测工件；5—顶尖座；
6—齿条（刻度尺）；7—托板；8—手轮；9—床身

五、测量示例

对泵轴直线度的测量方法如图 2-1-7 所示。首先，将泵轴放置在车床的两顶尖之间，在

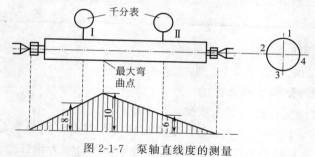

图 2-1-7　泵轴直线度的测量

轴上的适当位置设置两块千分表，将轴颈的外圆周分成四等份，并分别做上标记，即 1、2、3、4 四个等分点。用手缓慢转泵轴，将千分表在四个等分点处的读数分别记录在表格中，然后计算出泵轴的直线度偏差。离心泵泵轴直线度偏差测量记录实例如表 2-1-2 所示。

表 2-1-2　离心泵泵轴直线度偏差测量记录实例　　　　　　　　单位：mm

测点	转动位置				弯曲量和弯曲方向
	1(0°)	2(90°)	3(180°)	4(270°)	
I	0.36	0.27	0.20	0.37	0.08(0°) 0.054(270°)
II	0.30	0.23	0.18	0.25	0.06(0°) 0.014(270°)

直线度偏差值的计算方法是：

取直径方向上两个相对测点千分表读数数值差的一半；测点 0° 和 180° 方向上的直线度偏差为 $\dfrac{0.36-0.20}{2}=0.08\,\mathrm{mm}$，90° 和 270° 方向上的直线度偏差为 $\dfrac{0.37-0.27}{2}=0.05\,\mathrm{mm}$，用这些数值在图上选取一定的比例，可用图解法近似地看出泵轴上最大弯曲点的弯曲量和弯曲方向。

任务
实施

活动 1　危险辨识

作业前，应进行危险辨识，找出潜在的危害因素并制定控制措施，预防事故的发生。泵轴直线度测量常见危害因素及控制措施见表 2-1-3。

表 2-1-3　泵轴直线度测量危害因素及控制措施

危害因素	控制措施
搬放设备时，手部被夹伤	佩戴手套，零件放置牢固后，撤去手部
工件和工具坠落，砸伤足部	穿安全鞋，物件摆放在牢靠位置
抛掷工件或工量具，零件或工量具损坏	禁止抛掷
顶尖扎伤	佩戴手套或正确操作形位误差测量仪

活动 2　测量步骤

步骤一：熟悉形位误差测量仪和百分表的结构原理和操作使用方法。
步骤二：用汽油和棉纱将泵轴、形位误差测量仪的顶尖擦干净，再把泵轴装到仪器上。

化工设备检维修

步骤三：在轴的适当位置安装百分表，调整磁力表座，使百分表具有一定压缩量。

步骤四：将轴颈的外圆周分成 1(0°)、2(90°)、3(180°)、4(270°) 四个等分点，并用油性笔做上标记。

步骤五：用手缓慢转泵轴，读取百分表在四个等分点处的示值，分别记录在表格中。

测点	转动位置				最大弯曲量
	1(0°)	2(90°)	3(180°)	4(270°)	
I					
II					

步骤六：计算出泵轴的最大弯曲量和弯曲位置，求出泵轴的直线度偏差。

步骤七：对泵轴直线度测量和计算过程进行自检校对。确认无误后，上交。

步骤八：整理现场，完成实验报告。

活动 3　泵轴直线度测量

1. 组织分工

学生 2～3 人为一组，按照任务要求分工，明确各自职责。

序号	人员	职责
1		
2		
3		

2. 完成任务

分工协作，完成泵轴直线度的测量。

活动 4　现场清洁

① 物品、器具分类摆放整齐，无没用的物件。

② 清扫操作区域，保持工作场所干净、整洁。

③ 产生的废弃物品，统一回收到垃圾桶，不可随意丢弃。

④ 关闭水电气和门窗，最后离开教室的学生锁好门锁。

活动 5　撰写实训报告

回顾泵轴直线度测量过程，每人写一份实训报告，内容包括学习心得、团队完成情况、个人参与情况、做得好的地方、尚需改进的地方等。

① 学生以小组为单位，按照任务要求，进行自查、互评与总结。

② 教师参照评分标准进行考核评价。

③ 师生总结评价，改进不足，将来在学习或工作中做得更好。

序号	考核项目	考核内容	配分/分	得分/分
1	技能训练	测量工具的选用合理	20	
		计算过程规范、结果正确	30	
		实训报告全面、体会深刻	15	
2	求知态度	求真求是、主动探索	5	
		执着专注、追求卓越	5	
3	安全意识	着装和个人防护用品穿戴正确	5	
		爱护工器具、机械设备，文明操作	5	
		如发生人为的操作安全事故、设备人为损坏、伤人等情况,安全意识不得分		
4	团结协作	分工明确、团队合作能力	3	
		沟通交流恰当,文明礼貌、尊重他人	2	
		自主参与程度、主动性	2	
5	现场整理	劳动主动性、积极性	3	
		保持现场环境整齐、清洁、有序	5	

任务二
叶轮跳动度测量

1. 能力目标
   ① 能正确使用跳动度测量工具。
   ② 能测量叶轮的径向圆跳动和端面圆跳动。
2. 素质目标
   ① 通过规范学生的着装、工具使用、文明操作等，培养学生的安全意识。
   ② 通过信息收集、小组讨论、练习、考核等教学活动，培养学生追求卓越的工匠精神、主动探索的科学精神和团结协作的职业精神。
   ③ 通过实训场地的整理、整顿、清扫、清洁，培养学生的劳动精神。
3. 知识目标
   ① 掌握跳动度测量工具的使用方法。
   ② 掌握叶轮跳动度的测量方法。

如果离心泵叶轮外圆的旋转轨迹不在同一半径的圆周上，而是出现忽大忽小的旋转半径，其最大的旋转半径与最小的旋转半径之差即为该叶轮的径向跳动量。叶轮径向跳动量的大小标志着叶轮的旋转精度。如果叶轮的径向跳动量超过了规定范围，在旋转时就会产生振动，严重的还会影响离心泵的使用寿命。

因此，离心泵在总装配前转子部件要进行小装。对小装后的转子要进行径向和端面圆跳动检查以消除超差因素，避免因误差积聚而到总装时造成超差现象。

作为机修车间的技术人员，请掌握叶轮离心泵测量方法。

一、跳动度公差

跳动公差是提取（实际）要素绕基准轴线旋转一周或若干次旋转时所允许的最大跳动量。

圆跳动公差是指被测提取（实际）要素在无轴向移动的条件下围绕基准轴线旋转一周时，由位置固定的指示表在给定的测量方向上测得的最大示值与最小示值之差。

1. 径向圆跳动公差

径向圆跳动公差带的定义：公差带为在任一垂直于基准轴线的横截面内，半径差等于公差值 t 且圆心在基准轴线上的两同心圆所限定的区域，如图 2-2-1 所示。

径向圆跳动公差的标注及解释：如图 2-2-2（a）所示，在任一垂直于基准轴线 A 的横截面内，提取圆应限定在半径差等于 0.08mm、圆心在基准轴线 A 上的两同心圆之间。如图 2-2-2（b）所示，在任一垂直于公共基准轴线 $A\text{-}B$ 的横截面内，提取圆应限定在半径差等于 0.1mm、圆心在基准轴线 $A\text{-}B$ 上的两同心圆之间。

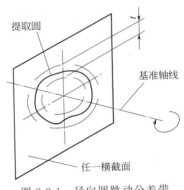

图 2-2-1　径向圆跳动公差带

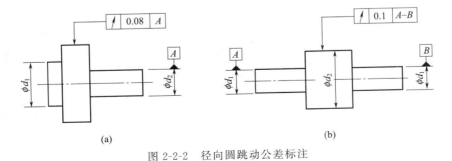

(a) (b)

图 2-2-2　径向圆跳动公差标注

2. 轴向（端面）圆跳动公差

被测要素一般为回转体类零件的端面或台阶面，且与基准轴线垂直，测量方向与基准轴线平行。

轴向圆跳动公差带的定义：公差带为与基准轴线同轴线的任一直径的圆柱截面上，间距等于公差值 t 的两个等径圆所限定的圆柱面区域，如图 2-2-3 所示。

轴向圆跳动公差的标注及解释：在与基准轴线 A 同轴线的任一直径的圆柱截面上，提取（实际）圆应限定在轴向距离等于 0.08mm 的两个等径圆之间，如图 2-2-4 所示。

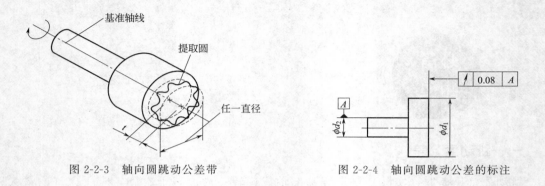

图 2-2-3　轴向圆跳动公差带　　　　图 2-2-4　轴向圆跳动公差的标注

二、跳动度测量方法

1. 径向圆跳动误差的检测

如图 2-2-5 所示，将被测工件支承在 V 形块上，并在轴向定位，基准轴线由 V 形块模拟。

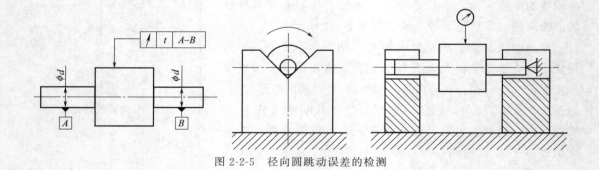

图 2-2-5　径向圆跳动误差的检测

在被测零件回转一周过程中指示器读数最大差值即为单个截面上的径向圆跳动误差。按上述方法测量若干个截面，取各截面上测得的跳动量中的最大值作为该工件的径向圆跳动误差。该测量方法受 V 形块角度和基准实际要素形状误差的综合影响。

2. 端面圆跳动误差的检测

如图 2-2-6 所示，将被测工件固定在 V 形块上，并在轴向定位，基准轴线由 V 形块模拟。

在被测零件回转一周过程中指示器读数最大差值即为单个圆柱面上测得的端面圆跳动误差。按上述方法测量若干个圆柱面，取各圆柱面上测得的跳动量中的最大值作为该工件的端面圆跳动误差。该测量方法受 V 形块角度和基准实际要素形状误差的综合影响。

图 2-2-6　端面圆跳动误差的检测

三、测量示例

1. 径向跳动量的测量

叶轮径向跳动量的测量方法如下：首先，把叶轮、滚动轴承与泵轴组装在一起，并穿入其原来的泵体内，使叶轮与泵轴能自由转动。然后，放置两块千分表，使千分表的触头分别接触叶轮进口端的外圆周与出口端的外圆周，如图 2-2-7 所示。把叶轮的圆周分成六等份，分别做上标记即 1、2、3、4、5、6 六个等分点。用手缓慢转动叶轮，每转到一个等分点，记录一次千分表的读数。转过一周后，将六个等分点上千分表的读数记录在表格中。离心泵叶轮的径向跳动量测量记录实例如表 2-2-1 所示。同一测点上的最大值减去最小值，即为叶轮上该点的径向跳动量。

一般情况下，叶轮进口端和出口端外圆处的径向跳动量要求不超过 0.05mm。

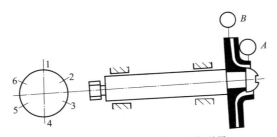

图 2-2-7　叶轮径向跳动量的测量

表 2-2-1　离心泵叶轮的径向跳动量测量记录实例　　　　　单位：mm

测点	转动角度						径向跳动量
	1(0°)	2(60°)	3(120°)	4(180°)	5(240°)	6(300°)	
A	0.30	0.28	0.29	0.33	0.35	0.32	0.07
B	0.21	0.23	0.24	0.24	0.20	0.19	0.05

2. 端面跳动量的测量

叶轮装到轴上测量其端面圆跳动值，主要是确保叶轮端面与轴中心线的垂直度符合要求。测量部位如图 2-2-8 所示。用一个百分表垂直指在叶轮的侧面，把表针调整到零位。盘动叶轮旋转一周，百分表的最大读数与最小读数的差值就是叶轮的端面跳动值。特别要注意，转子转动一周后百分表应复位到零位，否则说明轴有轴向窜动或表头松动，应设法消除。

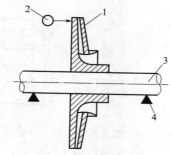

图 2-2-8　测量叶轮端面圆跳动值示意图
1—叶轮；2—百分表；3—轴；4—支点

活动 1　危险辨识

作业前，应进行危险辨识，找出潜在的危害因素并制定控制措施，预防事故的发生。叶轮跳动度测量常见危害因素及控制措施见表 2-2-2。

表 2-2-2　叶轮跳动度测量危害因素及控制措施

危害因素	控制措施
搬放设备时，手部被夹伤	佩戴手套，零件放置牢固后，撤去手部
工件和工具坠落，砸伤足部	穿安全鞋，物件摆放在牢靠位置
抛掷工件或工量具，零件或工量具损坏	禁止抛掷
零件上有毛刺、尖角刺伤或划伤手部	去除毛刺，佩戴手套
现场地面存在液体，滑倒摔伤	穿防滑鞋，及时清理液体

活动 2　测量步骤

步骤一：熟悉百分表的结构原理和操作使用方法。

步骤二：用汽油和棉纱将叶轮擦干净，把叶轮、滚动轴承与泵轴组装在一起，并穿入其原来的泵体内，确保叶轮与泵轴能自由转动。

步骤三：

① 径向圆跳动量测量。在叶轮进口端的外圆周与出口端的外圆周处分别设置百分表。调整磁力表座，使百分表具有一定压缩量。

② 端面圆跳动量测量。在叶轮的侧面设置百分表。调整磁力表座，使百分表具有一定

压缩量。

步骤四：将叶轮的外圆周分成 1（0°）、2（60°）、3（120°）、4（180°）、5（240°）、6（300°）六个等分点，并用油性笔做上标记。

步骤五：用手缓慢转叶轮，读取百分表在六个等分点处的示值，分别记录在表格中。

测点	转动位置						跳动量
	1（0°）	2（60°）	2（120°）	2（180°）	3（240°）	4（300°）	
径向Ⅰ							
径向Ⅱ							
端面Ⅰ							

步骤六：计算出叶轮的径向圆跳动量和端面圆跳动量。

步骤七：对叶轮跳动量测量和计算过程进行自检校对。确认无误后，上交。

步骤八：整理现场，完成实验报告。

活动 3　跳动度测量

1. 组织分工

学生 2～3 人为一组，按照任务要求分工，明确各自职责。

序号	人员	职责
1		
2		
3		

2. 完成任务

分工协作，完成离心泵叶轮跳动度的测量。

活动 4　现场清洁

① 物品、器具分类摆放整齐，无没用的物件。

② 清扫操作区域，保持工作场所干净、整洁。

③ 产生的废弃物品，统一回收到垃圾桶，不可随意丢弃。

④ 关闭水电气和门窗，最后离开教室的学生锁好门锁。

活动 5　撰写实训报告

回顾离心泵叶轮跳动度测量过程，每人写一份总结报告，内容包括心得体会、团队完成情况、个人参与情况、做得好的地方、尚需改进的地方等。

考核 评价

① 学生以小组为单位，按照任务要求，进行自查、互评与总结。

② 教师参照评分标准进行考核评价。

③ 师生总结评价，改进不足，将来在学习或工作中做得更好。

序号	考核项目	考核内容	配分/分	得分/分
1	技能训练	测量工具的选用合理	20	
		径向圆跳动测量数据记录规范、计算结果正确	15	
		端面圆跳动测量数据记录规范、计算结果正确	15	
		实训报告全面、体会深刻	15	
2	求知态度	求真求是、主动探索	5	
		执着专注、追求卓越	5	
3	安全意识	着装和个人防护用品穿戴正确	5	
		爱护工器具、机械设备,文明操作	5	
		如发生人为的操作安全事故、设备人为损坏、伤人等情况,安全意识不得分		
4	团结协作	分工明确、团队合作能力	3	
		沟通交流恰当,文明礼貌、尊重他人	2	
		自主参与程度、主动性	2	
5	现场整理	劳动主动性、积极性	3	
		保持现场环境整齐、清洁、有序	5	

任务三
泵轴圆度、圆柱度和同轴度测量

学习目标

1. 能力目标
    ① 能测量泵轴的圆度和圆柱度。
    ② 能测量泵轴的同轴度。
2. 素质目标
    ① 通过规范学生的着装、工具使用、文明操作等，培养学生的安全意识。
    ② 通过信息收集、小组讨论、练习、考核等教学活动，培养学生追求卓越的工匠精神、主动探索的科学精神和团结协作的职业精神。
    ③ 通过实训场地的整理、整顿、清扫、清洁，培养学生的劳动精神。
3. 知识目标
    ① 掌握圆度、圆柱度和同轴度测量工具的使用方法。
    ② 掌握圆度、圆柱度和同轴度的测量方法。

任务描述

　　泵轴的圆度、圆柱度和同轴度对离心泵运行的平稳性、振动和噪声有很大影响，且直接决定着滚动轴承的使用寿命。
　　作为检修车间的技术人员，请完成泵轴的圆度、圆柱度和同轴度的测量。

化工设备检维修

一、同轴度公差

同轴度公差是指实际被测轴线对基准轴线的允许变动量。

同轴度公差带的定义：公差带为直径等于公差值 ϕt 且轴线与基准轴线重合的圆柱面所限定的区域，如图 2-3-1 所示。

同轴度公差的标注及解释：如图 2-3-2(a) 所示，被测圆柱面的提取（实际）轴线应限定在直径等于 $\phi 0.1mm$ 且轴线与公共基准轴线 $A\text{-}B$ 重合的圆柱面所限定的区域。如图 2-3-2 (b) 所示，被测圆柱面的提取（实际）轴线应限定在直径等于 $\phi 0.1mm$ 且轴线与基准轴线 A 重合的圆柱面所限定的区域。

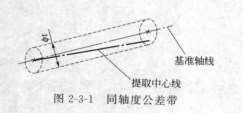

图 2-3-1 同轴度公差带

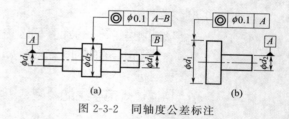

图 2-3-2 同轴度公差标注

二、圆度公差

圆度是限制实际圆对理想圆变动量的一项指标。它是对具有圆柱面（圆锥面、球面）的零件，在任一横截面内的圆形轮廓要求。

圆度公差带的定义：公差带为在给定横截面内，半径差等于公差值 t 的两同心圆所限定的区域，如图 2-3-3 所示。

圆度公差标注及解释：图 2-3-4(a) 表示在圆锥面的任一横截面内，提取（实际）圆周应限定在半径差等于 0.05mm 的两共面同心圆之间。图 2-3-4(b) 表示在圆柱面的任一横截面内，提取圆周应限定在半径差等于 0.03mm 的两共面同心圆之间。

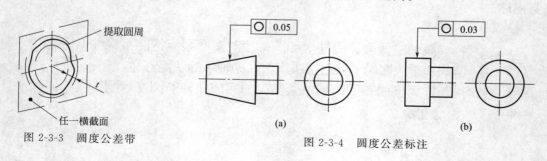

图 2-3-3 圆度公差带

图 2-3-4 圆度公差标注

注意：在圆锥面上标注圆度公差时，指引线箭头应与轴线垂直。圆度公差带的宽度应在垂直于轴线的平面内确定。

三、圆柱度公差

圆柱度是限制实际圆柱面对理想圆柱面变动量的一项指标。

圆柱度公差可控制圆柱体横截面和轴截面内的各项形状精度要求，可以同时控制圆度、素线、轴线的直线度，以及两条素线的平行度等。

圆柱度公差带的定义：公差带为半径差等于公差值 t 的两同轴圆柱面所限定的区域，如图 2-3-5 所示。

圆柱度公差标注及解释：标注如图 2-3-6 所示，提取（实际）圆柱面应限定在半径差等于 0.2mm 的两同轴圆柱面之间。

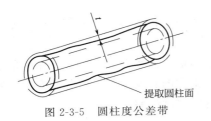

图 2-3-5　圆柱度公差带

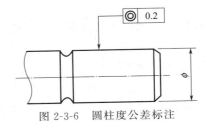

图 2-3-6　圆柱度公差标注

四、同轴度误差的检测

同轴度误差的检测是要找出被测轴线离开基准轴线的最大距离，以其两倍值定为同轴度误差。

如图 2-3-7 所示，用刃口状 V 形块和指示器测量工件阶梯轴 ϕd 对两端 ϕd_1 轴线组成的公共轴线的同轴度误差，公共基准轴线由 V 形块体现。

测量时，将被测工件放置在两个等高的刃口状 V 形块上。将两指示器分别在铅垂轴截面上调零。沿轴向测量，同时记录两指示器在垂直于基准轴线的正截面上测得各对应点的读数差值（$|M_a-M_b|$），取各测点的读数差绝对值的最大值为该轴截面轴线的同轴度误差。转动被测工件，按上述方法测量若干个轴截面，取各截面测得的读数差中的最大值（绝对值），作为该零件的同轴度误差。

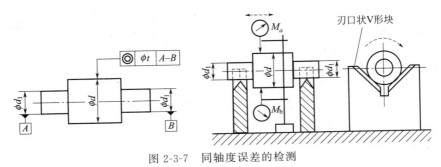

图 2-3-7　同轴度误差的检测

五、圆度和圆柱度误差的检测

如图 2-3-8 所示为三点法测量工件的圆度和圆柱度误差。将被测工件放在平板上的 V 形块内（V形块的长度应大于被测工件的长度），同时固定轴向位置。

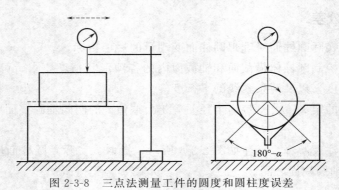

图 2-3-8　三点法测量工件的圆度和圆柱度误差

在被测工件回转一周过程中，测量一个横截面上的最大读数与最小读数；按此方法连续测量若干个横截面。

在被测零件回转一周过程中，指示计的最大读数与最小读数差值的一半，作为单个截面的圆度误差；取各截面的圆度误差中的最大者作为该工件的圆度误差。取各截面内所测得的所有读数中最大与最小读数差值的一半作为该工件的圆柱度误差。

活动 1　危险辨识

作业前，应进行危险辨识，找出潜在的危害因素并制定控制措施，预防事故的发生。圆度、圆柱度和同轴度测量常见危害因素及控制措施见表 2-3-1。

表 2-3-1　圆度、圆柱度和同轴度测量危害因素及控制措施

危害因素	控制措施
搬放设备时，手部被夹伤	佩戴手套，零件放置牢固后，撤去手部
工件和工具坠落，砸伤足部	穿安全鞋，物件摆放在牢靠位置
抛掷工件或工量具，零件或工量具损坏	禁止抛掷
零件上有毛刺、尖角刺伤或划伤手部	去除毛刺，佩戴手套
现场地面存在液体，滑倒摔伤	穿防滑鞋，及时清理液体

活动 2　测量步骤

1. 测量泵轴的圆度和圆柱度

步骤一：熟悉 V 形架、磁力表座、百分表的结构原理和使用方法。

步骤二：使用毛刷蘸取煤油擦洗泵轴，再使用棉纱擦拭干净。

步骤三：把泵轴放置在 V 形架上，并轴向固定。

步骤四：选取 3 个横截面作为测量面，并用油性笔做上标记。

步骤五：转动泵轴，在泵轴回转一周过程中，测量并记录每个横截面上的最大读数与最小读数。

截面	截面 I	截面 II	截面 III
最大读数			
最小读数			

步骤六：计算出每个截面的圆度误差，取出泵轴的圆度误差。

截面 I 的圆度误差	截面 II 的圆度误差	截面 III 的圆度误差
泵轴的圆度误差：	mm	

步骤七：找出各截面内所测得的所有读数中最大值与最小值，将差值的一半作为该泵轴的圆柱度误差。

最大读数	最小读数	泵轴的圆柱度误差

步骤八：对圆度和圆柱度测量和计算过程进行自检校对。确认无误后，上交。

步骤九：整理现场，完成实验报告。

2. 测量泵轴的同轴度

步骤一：熟悉 V 形架、磁力表座、百分表的结构原理和使用方法。

步骤二：使用毛刷蘸取煤油擦洗泵轴，再使用棉纱擦拭干净。

步骤三：把泵轴放置在两个等高的 V 形块上，并轴向固定。

步骤四：将泵轴的外圆周分成 （0°～180°）、（45°～225°）、（90°～270°）、（135°～315°）四个等分截面，并用油性笔做上标记。再将每个截面的两条素线均分为 6 个相对测点，并用油性笔做上标记。

步骤五：转动泵轴，沿轴向测量并记录两指示器在各正截面两素线上的示值。

截面		（0°～180°）截面	（45°～225°）截面	（90°～270°）截面	（135°～315°）截面
测点 1	素线 1				
	素线 2				
测点 2	素线 1				
	素线 2				
测点 3	素线 1				
	素线 2				
测点 4	素线 1				
	素线 2				

续表

截面		(0°～180°)截面	(45°～225°)截面	(90°～270°)截面	(135°～315°)截面
测点 5	素线 1				
	素线 2				
测点 6	素线 1				
	素线 2				

步骤六：将各测点的读数做差并取绝对值（$|M_a-M_b|$），取最大者为该轴截面轴线的同轴度误差。

截面	(0°～180°)截面	(45°～225°)截面	(90°～270°)截面	(135°～315°)截面
测点 1 处读数差值绝对值				
测点 2 处读数差值绝对值				
测点 3 处读数差值绝对值				
测点 4 处读数差值绝对值				
测点 5 处读数差值绝对值				
测点 6 处读数差值绝对值				
轴截面的同轴度误差				

步骤七：找出各截面测得的读数差中的最大值（绝对值），作为泵轴的同轴度误差。

步骤八：对同轴度测量和计算过程进行自检校对。确认无误后，上交。

步骤九：整理现场，完成实验报告。

活动 3　圆度、圆柱度和同轴度测量

1. 组织分工

学生 2～3 人为一组，按照任务要求分工，明确各自职责。

序号	人员	职责
1		
2		
3		

2. 完成任务

分工协作，完成泵轴的圆度、圆柱度和同轴度测量。

活动 4　现场清洁

① 物品、器具分类摆放整齐，无没用的物件。

② 清扫操作区域，保持工作场所干净、整洁。

③ 产生的废弃物品，统一回收到垃圾桶，不可随意丢弃。

④ 关闭水电气和门窗，最后离开教室的学生锁好门锁。

活动 5 撰写实训报告

回顾泵轴的圆度、圆柱度和同轴度测量过程，每人写一份总结报告，内容包括心得体会、团队完成情况、个人参与情况、做得好的地方、尚需改进的地方等。

① 学生以小组为单位，按照任务要求，进行自查、互评与总结。
② 教师参照评分标准进行考核评价。
③ 师生总结评价，改进不足，将来在学习或工作中做得更好。

序号	考核项目	考核内容	配分/分	得分/分
1	技能训练	圆度和圆柱度测量过程规范、计算结果准确	30	
		同轴度测量过程规范、计算结果准确	20	
		实训报告全面、体会深刻	15	
2	求知态度	求真求是、主动探索	5	
		执着专注、追求卓越	5	
3	安全意识	着装和个人防护用品穿戴正确	5	
		爱护工器具、机械设备，文明操作	5	
		如发生人为的操作安全事故、设备人为损坏、伤人等情况，安全意识不得分		
4	团结协作	分工明确、团队合作能力	3	
		沟通交流恰当，文明礼貌、尊重他人	2	
		自主参与程度、主动性	2	
5	现场整理	劳动主动性、积极性	3	
		保持现场环境整齐、清洁、有序	5	

任务四
密封环间隙测量

学习目标

1. 能力目标

① 能正确选用密封环间隙测量工具。

② 能测量密封环的径向间隙。

2. 素质目标

① 通过规范学生的着装、工具使用、文明操作等，培养学生的安全意识。

② 通过信息收集、小组讨论、练习、考核等教学活动，培养学生追求卓越的工匠精神、主动探索的科学精神和团结协作的职业精神。

③ 通过实训场地的整理、整顿、清扫、清洁，培养学生的劳动精神。

3. 知识目标

① 掌握密封环间隙测量工具的使用方法。

② 掌握密封环径向间隙的测量方法。

任务描述

离心泵在运转过程中，由于某些原因，密封环与叶轮会发生摩擦，并引起密封环内圆或端面的磨损，从而破坏了密封环与叶轮进口端之间的配合间隙，特别是对径向间隙的破坏。间隙数值的增大将会引起大量高压液体由叶轮的出口回流到叶轮的进口，在泵体内循环，形成内泄漏，大大减少了泵出口的排液量，降低了离心泵的出口压力，在泵体内形成液流短路的循环情况，如图2-4-1所示。

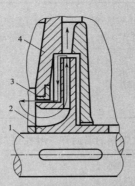

图2-4-1　离心泵内泄漏水流循环路线
1—泵轴；2—叶轮；3—密封环；4—泵体

泵检修时，密封环间隙测量是非常重要的。作为检修车间的技术人员，请完成1Cr18Ni9不锈钢钢泵密封环间隙的测量。

必备
知识

一、密封环径向间隙的测量

密封环与叶轮进口之间径向间隙的测量是利用游标卡尺和内径百分表来进行的。首先测得泵壳密封环内径的尺寸，再测得叶轮进口端外径的尺寸，然后用下式计算出它们之间的径向间隙。

$$a = \frac{D_1 - D_2}{2}$$

式中　a——泵壳密封环与叶轮进口端之间的径向间隙，mm；

D_1——泵壳密封环内径，mm；

D_2——叶轮进口端外径，mm。

计算出径向间隙 a 的数值后，应与泵的技术要求相对照，应与表 2-4-1～表 2-4-3 中径向间隙数值对照，看其间隙数值是否符合要求。如达到或超出表中所列的极限间隙数值时，则应更换新的密封环。其中，表 2-4-1 适用于材料为铸铁或青铜的泵；表 2-4-2 适用于材料为碳钢、Cr13 钢的泵；表 2-4-3 适用于材料为 1Cr18Ni9 或类似的耐腐蚀钢的泵。

表 2-4-1　铸铁或青铜泵的密封环与叶轮进口端的径向间隙　　　　　单位：mm

密封环内径	径向间隙		磨损后的极限间隙	密封环内径	径向间隙		磨损后的极限间隙
	最小	最大			最小	最大	
≤75	0.13	0.18	0.60	>220～280	0.25	0.34	1.10
>75～110	0.15	0.22	0.75	>280～340	0.28	0.37	1.25
>110～140	0.18	0.25	0.75	>340～400	0.30	0.40	1.25
>140～180	0.20	0.28	0.90	>400～460	0.33	0.44	1.40
>180～220	0.23	0.31	1.00	>460～520	0.35	0.47	1.50

表 2-4-2　碳钢或 Cr13 钢泵的密封环与叶轮进口端的径向间隙　　　　单位：mm

密封环内径	径向间隙		磨损后的极限间隙	密封环内径	径向间隙		磨损后的极限间隙
	最小	最大			最小	最大	
≤90	0.18	0.25	0.75	>150~180	0.25	0.33	1.00
>90~120	0.20	0.27	0.90	>180~220	0.28	0.36	1.10
>120~150	0.23	0.30	1.00	>220~280	0.30	0.40	1.25

表 2-4-3　1Cr18Ni9 或耐酸钢泵的密封环与叶轮进口端的径向间隙　　　　单位：mm

密封环内径	径向间隙		磨损后的极限间隙	密封环内径	径向间隙		磨损后的极限间隙
	最小	最大			最小	最大	
≤80	0.20	0.26	0.90	>160~190	0.30	0.39	1.25
>80~110	0.23	0.29	1.00	>190~220	0.33	0.41	1.25
>110~140	0.25	0.33	1.00	>220~250	0.35	0.44	1.40
>140~160	0.28	0.35	1.10	>250~280	0.38	0.47	1.50

泵壳密封环与叶轮进口端外圆之间，四周间隙应保持均匀。

对于泵壳密封环与叶轮之间的轴向间隙，一般要求不高，以两者之间有间隙，而又不发生摩擦为宜。

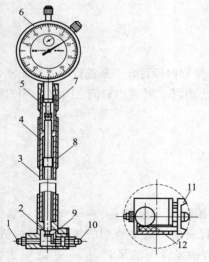

图 2-4-2　内径百分表的结构

1—固定测头；2—表体；3—直管；4—推杆弹簧；
5—测量杆；6—百分表；7—紧固螺母；8—推杆；
9—等臂直角杠杆；10—活动测头；
11—定位护桥；12—护桥弹簧

二、内径百分表

内径百分表由百分表和专门表架组成，用于测量孔的直径和孔的形状误差，特别适用于深孔的测量。内径百分表的结构如图 2-4-2 所示。

1. 内径百分表的工作原理

内径百分表的主体是一个三通形式的表体 2，百分表的测量杆 5 与推杆 8 始终接触，推杆弹簧 4 是控制测量力的，并通过推杆、等臂直角杠杆 9 向外顶住活动测头 10。测量时，活动测头的移动使等臂直角杠杆回转，通过推杆推动百分表的测量杆，使百分表指针回转。由于等臂直角杠杆的臂是等长的，因此百分表测量杆、推杆和活动测头三者的移动量是相同的，活动测头的移动量可以在百分表上读出。护桥弹簧 12 对活动测头起控制作用。定位护桥 11 起找正直径位置的作用，它保证了活动测头和可换测头的轴线与被测孔直径的自动重合。内径百分表的测量范围是由可换测头确定的。

2. 内径百分表的技术参数

内径百分表的技术参数如表 2-4-4 所示。

表 2-4-4　内径百分表的技术参数　　　　　　　　　　单位：mm

测量范围	10~18	18~35	35~50	50~100	100~160	160~250	250~450
活动测头工作行程	0.8	1.0	1.2	1.6	1.6	1.6	1.6
示值误差	0.012	0.015	0.015	0.020	0.020	0.020	0.020

3. 内径百分表的使用方法

（1）组装方法　根据被测工件的基本尺寸，选择合适的百分表和可换测头。测量前应根据基本尺寸调整可换测头和活动测头之间的长度等于被测工件的基本尺寸加上 0.3~0.5mm，然后固定可换测头。接下来安装百分表，当百分表的测量杆测头接触到传动杆后预压测量行程 0.3~1mm 并固定。

（2）校对方法　用内径百分表测量孔径属于相对测量法，测量前应根据被测工件的基本尺寸，使用标准样圈调整内径百分表零位。在没有标准样圈的情况下，可用外径千分尺代替标准样圈调整内径百分表零位，要注意的是千分尺在校对基本尺寸时最好使用量块。

（3）测量方法　测量或校对零值时，应使活动测头先与被测工件接触，对于孔应通过径向摆动来找最大直径数值，使定位护桥自动处于正确位置；通过轴向摆动找最小直径数值，方法是使表架杆在孔的轴线方向上作 30°以内的小幅度摆动，如图 2-4-3 所示，在指针转折点处的读数就是轴向最小数值（一般情况下要重复几次进行核定），该最小值就是被测工件的实际量值。测量两平行面间的距离时，应通过上下、左右摆动来找宽度尺寸的最小数值（一般情况下要重复几次进行核定），该最小值就是被测工件的实际量值。

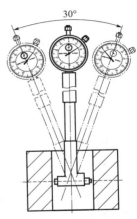

图 2-4-3　内径百分表测量孔径的方法

（4）读数方法　读数时要以零位线为基准，当大指针正好指向零位线时，说明被测实际尺寸与基本尺寸相等；大指针顺时针转动所得到的量值为负（—）值，表示被测实际尺寸小于基本尺寸；大指针逆时针转动所得到的量值为正（+）值，表示被测实际尺寸大于基本尺寸。

任务
实施

活动 1　危险辨识

作业前，应进行危险辨识，找出潜在的危害因素并制定控制措施，预防事故的发生。密封环间隙测量常见的危害因素及控制措施见表 2-4-5。

表 2-4-5　密封环间隙测量常见的危害因素及控制措施

危害因素	控制措施
搬放设备时,手部被夹伤	佩戴手套,零件放置牢固后,撤去手部
工件和工具坠落,砸伤足部	穿安全鞋,物件摆放在牢靠位置
抛掷工件或工量具,零件或工量具损坏	禁止抛掷
零件上有毛刺、尖角刺伤或划伤手部	去除毛刺,佩戴手套
现场地面存在液体,滑倒摔伤	穿防滑鞋,及时清理液体

活动 2　测量步骤

测量泵轴的圆度和圆柱度

步骤一：熟悉游标卡尺、内径百分表的结构原理和使用方法。

步骤二：使用毛刷蘸取煤油擦洗密封环和叶轮,再使用棉纱擦拭干净。

步骤三：将叶轮进口端的外圆周分成 $(0°\sim180°)$、$(45°\sim225°)$、$(90°\sim270°)$、$(135°\sim315°)$ 四个等分截面,并用油性笔做上标记。使用游标卡尺逐个测出四个截面处的外圆直径。

截面	0°~180°截面	45°~225°截面	90°~270°截面	135°~315°截面
叶轮进口端测量值 D_2				

步骤四：在叶轮进口端的四等分方位上,将密封环的外圆周分成四个等分截面,并用油性笔做上标记。使用内径百分表逐个测出四个截面处的外圆直径。

截面	0°~180°截面	45°~225°截面	90°~270°截面	135°~315°截面
泵壳密封环测量值 D_1				

步骤五：计算出每个等分截面处的密封环间隙。

截面	0°~180°截面	45°~225°截面	90°~270°截面	135°~315°截面
密封环径向间隙 a				

步骤六：找出各截面处密封环间隙中最大值,对比表 2-4-3 数值,看其间隙数值是否符合要求,如达到或超出表中所列的极限间隙数值时,则应更换新的密封环。

步骤七：对密封环间隙测量和计算过程进行自检校对。确认无误后,上交。

步骤八：整理现场,完成实验报告。

活动 3　密封环间隙测量

1. 组织分工

学生 2~3 人为一组,按照任务要求分工,明确各自职责。

序号	人员	职责
1		
2		
3		

2. 完成任务

分工协作，完成离心泵密封环间隙的测量。

活动 4　现场清洁

① 物品、器具分类摆放整齐，无没用的物件。
② 清扫操作区域，保持工作场所干净、整洁。
③ 产生的废弃物品，统一回收到垃圾桶，不可随意丢弃。
④ 关闭水电气和门窗，最后离开教室的学生锁好门锁。

活动 5　撰写实训报告

回顾密封环间隙测量过程，每人写一份总结报告，内容包括心得体会、团队完成情况、个人参与情况、做得好的地方、尚需改进的地方等。

① 学生以小组为单位，按照任务要求，进行自查、互评与总结。
② 教师参照评分标准进行考核评价。
③ 师生总结评价，改进不足，将来在学习或工作中做得更好。

序号	考核项目	考核内容	配分/分	得分/分
1	技能训练	测量的选用正确	10	
		叶轮进口端间隙的测量	20	
		密封环间隙的测量	25	
		实训报告全面、体会深刻	10	
2	求知态度	求真求是、主动探索	5	
		执着专注、追求卓越	5	
3	安全意识	着装和个人防护用品穿戴正确	5	
		爱护工器具、机械设备，文明操作	5	
		如发生人为的操作安全事故、设备人为损坏、伤人等情况,安全意识不得分		

序号	考核项目	考核内容	配分/分	得分/分
4	团结协作	分工明确、团队合作能力	3	
		沟通交流恰当,文明礼貌、尊重他人	2	
		自主参与程度、主动性	2	
5	现场整理	劳动主动性、积极性	3	
		保持现场环境整齐、清洁、有序	5	

任务五
键槽对称度的检测

1. 能力目标
　　① 能正确使用对称度测量工具。
　　② 能测量键槽的对称度。
2. 素质目标
　　① 通过规范学生的着装、工具使用、文明操作等，培养学生的安全意识。
　　② 通过信息收集、小组讨论、练习、考核等教学活动，培养学生追求卓越的工匠精神、主动探索的科学精神和团结协作的职业精神。
　　③ 通过实训场地的整理、整顿、清扫、清洁，培养学生的劳动精神。
3. 知识目标
　　① 掌握对称度测量工具的使用方法。
　　② 掌握键槽对称度的检测方法。

　　在机械装配传动中键与键槽配合的结构使用较为广泛，键槽的加工质量直接影响着装配质量，特别是对称度的超差，常常引起不能装配的故障。

　　作为检修车间的技术人员，请完成键槽对称度的测量。

一、对称度公差

面对基准线对称度公差带的定义：公差带为间距等于公差值 t 且对称于基准轴线的两平行平面所限定的区域，如图 2-5-1 所示。

面对基准线对称度公差的标注及解释：如图 2-5-2 所示，宽度为 b 的被测槽的提取（实际）中心平面应限定在间距等于 0.05mm 的两平行平面之间，该两平行平面对称于基准轴线 A，即对称于通过基准轴线 A 的理想平面。

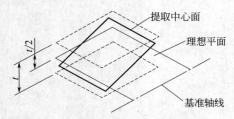

图 2-5-1　面对基准线对称度公差带

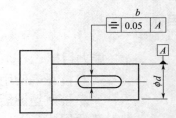

图 2-5-2　面对基准线对称度公差标注

二、键槽对称度的检测方法

如图 2-5-3 所示，用 V 形块和指示器测量轴上键槽中心平面对 ϕd 轴线的对称度误差。在平台上用 V 形块或等高 V 形架模拟体现外圆基准轴线位置，被测中心用定位块体现，以平板为测量基准。定位块与键槽应是无间隙配合，定位块长度一般为键槽宽度的 3～5 倍。

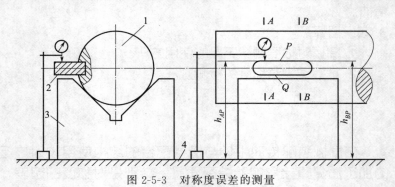

图 2-5-3　对称度误差的测量
1—工件；2—定位块（量块）；3—V 形块（架）；4—平台

检测时，先调整轴在 V 形架 3 上的位置，指示测头在某一截面内在定位块 2 上作径向移动，表指针应稳定不变，即找正定位块的上平面与平台 4 平行。然后选择在长度方向上的靠近两端地方（如图 2-5-3 A—A 截面和 B—B 截面）进行高度测量。定位块的上平面记为 P 平面，下平面记为 Q 平面。P 平面上 A—A 截面和 B—B 截面处百分表的读数分别记为

h_{AP} 和 h_{BP}。将泵轴翻转 $180°$，依照上述方法在 Q 平面上 $A—A$ 截面和 $B—B$ 截面处百分表的读数分别记为 h_{AQ} 和 h_{BQ}。

轴键槽对称度计算公式：

$$f = \frac{d(\Delta h_1 - \Delta h_2) + 2\Delta h_2 t}{d - t}$$

式中　　Δh_1——$\Delta h_1 = (h_{AP} - h_{AQ})/2$；

Δh_2——$\Delta h_2 = (h_{BP} - h_{BQ})/2$；

d——轴的直径；

t——轴键槽的深度。

活动 1　危险辨识

作业前，应进行危险辨识，找出潜在的危害因素并制定控制措施，预防事故的发生。键槽对称度测量常见危害因素及控制措施见表 2-5-1。

表 2-5-1　键槽对称度测量危害因素及控制措施

危害因素	控制措施
搬放设备时，手部被夹伤	佩戴手套，零件放置牢固后，撤去手部
工件和工具坠落，砸伤足部	穿安全鞋，物件摆放在牢靠位置
抛掷工件或工量具，零件或工量具损坏	禁止抛掷
零件上有毛刺、尖角刺伤或划伤手部	去除毛刺，佩戴手套
现场地面存在液体，滑倒摔伤	穿防滑鞋，及时清理液体

活动 2　测量步骤

步骤一：熟悉 V 形架、磁力表座、百分表的结构原理和使用方法。

步骤二：使用毛刷蘸取煤油擦洗泵轴，再使用棉纱擦拭干净。

步骤三：制作与键槽无间隙配合的定位块。把定位块塞入键槽内。

步骤四：调整定位块的 P 平面与划线平台平行。操作百分表在定位块 P 平面作径向移动，表指针应稳定不变。百分表在 $A—A$ 截面和 $B—B$ 截面上的读数分别记为 h_{AP} 和 h_{BP}。

步骤五：将泵轴翻转 $180°$，调整定位块的 Q 平面与划线平台平行。操作百分表在定位块 Q 平面作径向移动，表指针应稳定不变。百分表在 $A—A$ 截面和 $B—B$ 截面上的读数分别记为 h_{AQ} 和 h_{BQ}。

步骤六：使用对称度公式，计算出键槽的对称度误差。

步骤七：对键槽对称度测量和计算过程进行自检校对。确认无误后，上交。

步骤八：整理现场，完成实验报告。

活动 3　对称度测量

1. 组织分工

学生 2～3 人为一组，按照任务要求分工，明确各自职责。

序号	人员	职责
1		
2		
3		

2. 完成任务

分工协作，完成泵轴键槽对称度的测量。

活动 4　现场清洁

① 物品、器具分类摆放整齐，无没用的物件。

② 清扫操作区域，保持工作场所干净、整洁。

③ 产生的废弃物品，统一回收到垃圾桶，不可随意丢弃。

④ 关闭水电气和门窗，最后离开教室的学生锁好门锁。

活动 5　撰写实训报告

回顾键槽对称度测量过程，每人写一份总结报告，内容包括学习心得、团队完成情况、个人参与情况、做得好的地方、尚需改进的地方等。

① 学生以小组为单位，按照任务要求，进行自查、互评与总结。

② 教师参照评分标准进行考核评价。

③ 师生总结评价，改进不足，将来在学习或工作中做得更好。

序号	考核项目	考核内容	配分/分	得分/分
1	技能训练	测量工具的选用合理	15	
		对称度测量过程规范、计算结果正确	35	
		实训报告全面、体会深刻	15	

续表

序号	考核项目	考核内容	配分/分	得分/分
2	求知态度	求真求是、主动探索	5	
		执着专注、追求卓越	5	
3	安全意识	着装和个人防护用品穿戴正确	5	
		爱护工器具、机械设备,文明操作	5	
		如发生人为的操作安全事故、设备人为损坏、伤人等情况,安全意识不得分		
4	团结协作	分工明确、团队合作能力	3	
		沟通交流恰当,文明礼貌、尊重他人	2	
		自主参与程度、主动性	2	
5	现场整理	劳动主动性、积极性	3	
		保持现场环境整齐、清洁、有序	5	

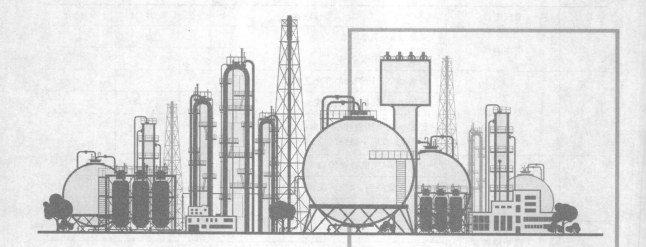

模块三

管路维修

任务一
管路拆装

子任务一　管路拆除

1. 能力目标
   ① 能进行管路停车处置。
   ② 能完成管路拆除。
2. 素质目标
   ① 通过规范学生的着装、工具使用、文明操作等，培养学生的安全意识。
   ② 通过信息收集、小组讨论、练习、考核等教学活动，培养学生追求卓越的工匠精神、主动探索的科学精神和团结协作的职业精神。
   ③ 通过实训场地的整理、整顿、清扫、清洁，培养学生的劳动精神。
3. 知识目标
   ① 掌握管路停车处置方法。
   ② 掌握管路拆除操作要点。

任务描述

　　管路拆除是从事管路维护与管理作业的基本技能，作为化工厂的一名管道工，请按照管路轴测图3-1-1完成管路拆除。

　　管路的拆除要按顺序进行，拆卸的原则一般是从上到下，由外到内，先仪表后阀门，拆卸过程中不得损坏管件和仪表。拆下的管子、管件、阀门和仪表要归类放好。拆除前，排净管内物料，再拆卸连接螺栓。

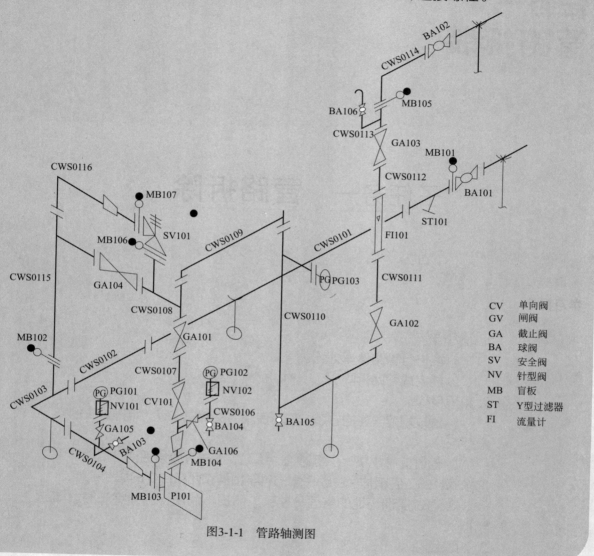

图3-1-1 管路轴测图

拆除示范

示范 1 停车挂牌

关闭泵出口阀门 GA101，见图 3-1-2(a)。按动离心泵启停按钮，停泵，见图 3-1-2(b)。

关闭泵电源开关，并挂牌上锁，见图 3-1-2(c)。在出口球阀 BA02 上挂牌上锁，见图 3-1-2(d)。关闭泵入口阀门 BA101，并挂牌上锁，见图 3-1-2(e)。连接排污管线，打开泵排净阀门 BA103 和灌泵排气阀门 BA104，排净管线内液体，见图 3-1-2(f)。

(a) 关闭泵出口阀门GA101

(b) 停泵

(c) 关闭电源开关挂牌上锁

(d) 出口球阀BA102挂牌上锁

(e) 关闭泵入口阀门BA101挂牌上锁

(f) 排净管内介质

图 3-1-2　停车挂牌

示范 2　拆除压力表、安全阀、流量计和过滤器

使用扳手拆除泵出口管线压力表 PG102 和 PG103，拆下密封垫，见图 3-1-3(a)。使用扳手拆除泵入口管线真空表 PG101，拆下密封垫，见图 3-1-3(b)。使用扳手拆除安全阀 SV101，拆下盲板 MB106 和盲板 MB107，拆下密封垫，见图 3-1-3(c)。使用扳手拆除流量计 FI101，拆下密封垫，见图 3-1-3(d)。使用扳手拆除过滤器 ST101，拆下盲板 MB101，拆

(a) 拆除出口压力表

(b) 拆除入口真空表

(c) 拆除安全阀

(d) 拆除流量计

(e) 拆除过滤器

图 3-1-3　拆除压力表、安全阀、流量计和过滤器

下密封垫，见图 3-1-3(e)。

示范 3　拆除截止阀 GA103 和截止阀 GA102

使用扳手拆除截止阀 GA103 和 CWS0112 管道，拆下密封垫，见图 3-1-4(a)。使用扳手拆除截止阀 GA102 和 CWS0111 管道，拆下密封垫，见图 3-1-4(b)。

(a) 拆除截止阀GA103和CWS0112管道　　　　(b) 拆除截止阀GA102和CWS0111管道

图 3-1-4　拆除截止阀 GA103 和截止阀 GA102

示范 4　拆除截止阀 GA104、截止阀 GA101、CWS0109 管道和 CWS0110 管道

使用扳手拆除旁通管线截止阀 GA104，拆下密封垫，见图 3-1-5(a)。使用扳手拆除泵出口管线截止阀 GA101，拆下密封垫，见图 3-1-5(b)。整体拆除 CWS0109 管道和

(a) 拆除截止阀GA104　　　(b) 拆除截止阀GA101　　　(c) 拆下CWS0109管道和CWS0110管道

(d) 拆下CWS0110管道　　　(e) 拆除压力表PG103盲板法兰

图 3-1-5　拆除截止阀 GA104、截止阀 GA101、CWS0109 管道和 CWS0110 管道

CWS0110 管道，拆下密封垫，见图 3-1-5(c)。使用扳手拆下 CWS0110 管道，拆下密封垫，见图 3-1-5(d)。使用扳手拆下连接压力表 PG103 的盲板法兰，拆下密封垫，见图 3-1-5(e)。

示范 5　拆除单向阀 CV101、CWS0107 管道、CWS0113 管道和盲板 MB105

使用扳手拆除单向阀 CV101，拆下 CWS0107 管道，拆下密封垫，见图 3-1-6(a)。使用扳手拆除 CWS0113 管道和盲板 MB105，拆下密封垫，见图 3-1-6(b)。

(a) 拆除单向阀CV101和CWS0107管道　　(b) 拆下CWS0113管道和盲板MB105

图 3-1-6　拆除单向阀 CV101、CWS0107 管道、CWS0113 管道和盲板 MB105

示范 6　拆除 CWS0115 管道和 CWS0116 管道

使用扳手拆除 CWS0115 管道，拆下密封垫，见图 3-1-7(a)。使用扳手拆除 CWS0116 管道，拆下盲板 MB102，拆下密封垫，见图 3-1-7(b)。

(a) 拆除CWS0115管道　　(b) 拆除CWS0116管道

图 3-1-7　拆除 CWS0115 管道和 CWS0116 管道

示范 7　拆除 NV102 二阀组、NV101 二阀组和 CWS0106 管道

使用扳手拆除 NV102 二阀组，拆下密封垫，见图 3-1-8(a)。使用扳手拆除 CWS0106 管道，拆下盲板 MB104，拆下密封垫，见图 3-1-8(b)。使用扳手拆除 NV101 二阀组，拆下密

封垫，见图 3-1-8(c)。

(a) 拆除NV102二阀组

(b) 拆除CWS0106管道

(c) 拆除NV101二阀组

图 3-1-8　拆除 NV102 二阀组、NV101 二阀组和 CWS0106 管道

示范 8　拆除 CWS0104 管道、CWS0103 管道、CWS0102 管道和 CWS0101 管道

使用扳手整体拆下泵入口管线，拆下盲板 MB103，拆下密封垫，见图 3-1-9(a)。使用扳手拆除 CWS0104 管道，拆下密封垫，见图 3-1-9(b)。使用扳手拆除 CWS0103 管道，拆下密封垫，见图 3-1-9(c)。使用扳手拆除 CWS0102 管道和 CWS0101 管道，拆下密封垫，见图 3-1-9(d)。

(a) 整体拆除泵入口管线　　　　(b) 拆除CWS0104管道

(c) 拆除CWS0103管道　　(d) 拆除CWS0102管道和CWS0101管道

图 3-1-9　拆除 CWS0104 管道、CWS0103 管道、CWS0102 管道和 CWS0101 管道

示范 9　零件摆放整齐

将拆除的管路元件分类摆放整齐，见图 3-1-10。

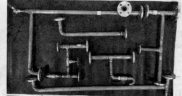

图 3-1-10　管件摆放整齐

活动 1 危险辨识

拆装作业前，应进行安全分析，找出潜在的危害因素并制定控制措施，预防事故的发生。拆装作业常见危害因素及控制措施见表 3-1-1。

表 3-1-1 拆装作业危害因素及控制措施

危害因素	控制措施
搬放零件时,手部被挤压	佩戴手套,零件放置牢固后,撤去手部
零件上毛刺、尖角刺伤或划伤手部	佩戴手套
敲击零件被砸伤	佩戴手套,正确使用手锤
零件掉落,砸伤足部	穿安全鞋,零件摆放在牢靠位置或在地面上拆解
抛掷零件或工具,零件飞溅撞伤或设备损坏	禁止抛掷
使用螺丝刀、剪刀、錾子等,被扎伤、割伤或擦伤	佩戴手套,正确使用工具
现场地面存在液体滑倒摔伤	穿防滑鞋,及时清理液体
扳手用力过大打滑,被撞伤或扳手损坏	佩戴手套,正确使用扳手
带电拆解设备,触电	断电后作业
人工搬运超重零件,腰部受伤	使用起重机械,多人合作,穿戴手套和安全鞋
乱砸乱撬、暴力拆解,设备或工具损坏	选择合适的拆解方法,正确地使用工具
穿越装置区,头部被撞伤	佩戴安全帽

想一想

找出管路拆除作业中存在的危害因素，选择正确的个人防护用品。

序号	危害因素	个人防护用品
1		
2		
3		
...	...	...

活动 2 管道拆除练习

1. 组织分工

学生 2～3 人为一组，按照任务要求分工，明确各自职责。

序号	人员	职责
1		
2		
3		

2. 制订管路拆除计划

序号	工作步骤	需要的工具	拆下的管件名称或管道号
1			
2			
3			
…	…	…	…

3. 解决任务

按照任务分工，完成管路拆除。

活动 3　现场清洁

① 物品、器具分类摆放整齐，无没用的物件。
② 清扫操作区域，保持工作场所干净、整洁。
③ 产生的废弃物品，统一回收到垃圾桶，不可随意丢弃。
④ 关闭水电气和门窗，最后离开教室的学生锁好门锁。

活动 4　撰写实训报告

回顾管路拆除过程，每人写一份总结报告，内容包括学习心得、团队完成情况、个人参
与情况、做得好的地方、尚需改进的地方等。

① 学生以小组为单位，按照任务要求，进行自查、互评与总结。
② 教师参照评分标准进行考核评价。
③ 师生总结评价，改进不足，将来在学习或工作中做得更好。

序号	考核项目	考核内容	配分/分	得分/分
1	技能训练	个人防护用品选用正确	10	
		工具齐备、正确使用	10	
		管路拆除计划周全	10	

序号	考核项目	考核内容	配分/分	得分/分
1	技能训练	管件拆除操作规范、管路拆除完全	20	
		管路停车处置正确	10	
		实训报告全面、体会深刻	5	
2	求知态度	求真求是、主动探索	5	
		执着专注、追求卓越	5	
3	安全意识	着装和个人防护用品穿戴正确	5	
		爱护工器具、机械设备，文明操作	5	
		如发生人为的操作安全事故、设备人为损坏、伤人等情况，安全意识不得分		
4	团结协作	分工明确、团队合作能力	3	
		沟通交流恰当，文明礼貌、尊重他人	2	
		自主参与程度、主动性	2	
5	现场整理	劳动主动性、积极性	3	
		保持现场环境整齐、清洁、有序	5	

子任务二　管路安装作业

学习目标

1. 能力目标
　　① 能按照管路轴测图安装管路。
　　② 能进行管路启泵操作。
2. 素质目标
　　① 通过规范学生的着装、工具使用、文明操作等，培养学生的安全意识。
　　② 通过信息收集、小组讨论、练习、考核等教学活动，培养学生追求卓越的工匠精神、主动探索的科学精神和团结协作的职业精神。
　　③ 通过实训场地的整理、整顿、清扫、清洁，培养学生的劳动精神。
3. 知识目标
　　① 掌握管路安装操作要点。
　　② 掌握离心泵启泵操作流程。

化工设备检维修

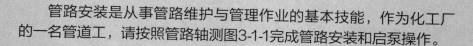

任务描述

管路安装是从事管路维护与管理作业的基本技能，作为化工厂的一名管道工，请按照管路轴测图3-1-1完成管路安装和启泵操作。

必备知识

一、管道安装技术要求

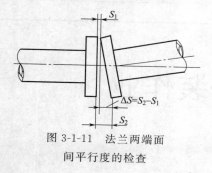

图 3-1-11 法兰两端面间平行度的检查

① 应对管道法兰的密封面和密封垫片进行外观检查，不得有影响密封性能的缺陷存在。

② 法兰连接应保持平行，在安装中不得用强紧螺栓的办法来消除偏斜，也不得用加热管子、加偏斜垫片或多层垫片的方法来消除法兰端面间的空隙偏差、错口或不同心等缺陷。两法兰端面间的平行度可用图 3-1-11 所示的方法进行测量，其间隙值不应大于表 3-1-2 所列的允许值。

表 3-1-2　法兰端面平行度允许偏差

管子的公称直径/mm	工作压力/MPa		
	$<16\times10$	$(16\sim40)\times10$	$>40\times10$
	允许偏差 $\Delta S = S_2 - S_1$		
$\leqslant100$	0.2	0.1	0.05
>100	0.3	0.15	0.05

③ 拧紧螺栓时应对称成十字交叉进行，螺栓安装方向应一致，螺栓紧固后应与法兰紧贴。需加垫圈时，每个螺栓不应超过一个，紧固后的螺栓与螺母宜齐平或露出 2～3 个螺距。

④ 管道系统试运时，高温或低温管道的连接螺栓，应按下列规定进行热态紧固或冷态紧固。热态或冷态紧固宜在紧固作业温度保持 2h 后进行。冷态紧固应在卸压后进行。螺栓热态紧固或冷态紧固作业的温度应符合表 3-1-3 的规定。

表 3-1-3　螺栓热态、冷态紧固作业温度

单位：℃

工作温度	一次热紧、冷紧温度	二次热紧、冷紧温度
250～350	工作温度	—
>350	350	工作温度

续表

工作温度	一次热紧、冷紧温度	二次热紧、冷紧温度
−70～−29	工作温度	—
<−70	−70	工作温度

⑤ 不锈钢管道与非不锈钢的金属支架之间应垫入不锈钢薄板或氯离子含量不超过 50mg/kg 的非金属隔离垫。

⑥ 法兰连接时，在两法兰密封面之间必须放置垫片，垫片应根据被密封的介质性质进行正确的选用。该垫片的外径不应大于法兰盘上螺栓孔里圈的直径，其内径应稍大于管子的内径。

⑦ 管道安装时如遇下列情况，螺栓、螺母应涂以二硫化钼油脂、石墨机油或石墨粉：不锈钢、合金钢螺栓和螺母；管道设计温度高于 100℃ 或低于 0℃；露天安装；有大气腐蚀或输送腐蚀性介质。以免日久难以拆卸。

⑧ 在进行圆柱管螺纹连接时，为了保证螺纹连接的密封性，螺纹连接前，必须在外螺纹上加填料，常用的填料有油麻丝加铅油、石棉绳加铅油和聚四氟乙烯生料带。使用时把填料缠绕在外螺纹上即可进行连接，填料在螺纹上的缠绕方向，应与螺纹的方向一致。绳头应压紧，以免与内螺纹连接时被推掉。圆锥管螺纹在连接时不加填料，只在螺纹上涂铅油即可。管螺纹连接时，不仅要求拧紧，还必须考虑管件或配件的方向和位置等，如方向和位置不正确，不允许用松扣（倒拧）的办法进行调整。

⑨ 工作温度小于 200℃ 的管道，其螺纹接头密封材料宜用聚四氟乙烯带或密封膏，拧紧螺纹时，不得将密封材料挤入管内。

⑩ 安装不锈钢管道时，不得用铁质工具敲击。

⑪ 管路安装顺序是由下到上，先主管路、后分支管路，将管件、仪表、阀门按流体输送图进行安装。

⑫ 对于水平管道上的阀门，阀杆通常安装在上半圆范围内；铸铁阀门阀件安装时，需防止强力连接或受力不均而引起的损坏；阀门介质流向要和阀门指示方向相同，介质流过截止阀的方向是由下向上流经阀盘；应水平安装升降式止回阀，旋启式止回阀只要保证旋板的旋轴是水平的，可装在水平或垂直的管路上。阀门需关闭安装。

二、离心泵启泵操作要点

1. 启泵前准备工作

① 检查供电系统是否完好，确认电机转向与泵转向一致。

② 检查泵出口、入口管线的各部件，如基础、地脚螺栓、联轴器、法兰等是否完好。

③ 检查泵出口、入口管线的安全附件，如压力表、温度计、护罩、静电接地、安全阀等是否完整。

④ 检查轴承座油位是否在 1/2～2/3 处。

⑤ 检查确认冷却水系统是否投用。

⑥ 检查确认泵密封水系统是否投用。

⑦ 打开泵进口阀，关闭泵的出口阀。

⑧ 盘车 3～5 转，检查泵的转动灵活性，是否有不正常的声音。

⑨ 打开泵的排气阀排除泵内存气，使泵内充满液体。

2. 启泵操作

① 点动，判断泵的转向是否正确，错误的话，只需要换接任意两根三相电线即可。

② 接通电源，观察泵出口压力表，压力值稳定后，缓慢打开出口阀，并调节到额定工况。在出口阀关闭情况下，泵连续运转时间不宜超过 1min。

③ 观察机泵运行声音是否正常。

④ 观察离心泵及各处连接是否有泄漏。若有微量泄漏，可以现场用扳手紧固。

3. 停泵操作

① 慢慢关闭出口阀门。避免停泵后出口管线中的高压液体倒流入离心泵泵体内，使叶轮高速反转而造成事故。

② 切断电源。

③ 关闭泵的入口阀（视情况而定）。

④ 待泵冷却后，关闭冷却水系统和密封水系统。

⑤ 冬季停泵后，要从泵壳和管线中放掉存水及其易冻结液体，防止冻裂泵壳。

安装 示范

示范 1　安装 CWS0104 管道、CWS0103 管道、CWS0102 管道和 CWS0101 管道

把 CWS0102 管道和 CWS0101 管道安装在一起，使用扳手拧紧连接螺栓，见图 3-1-12（a）。安装 CWS0103 管道，使用扳手拧紧连接螺栓，见图 3-1-12（b）。安装 CWS0104 管道，

(a) 安装CWS0101和CWS0102管道　　(b) 安装CWS0103管道　　(c) 安装CWS0104管道

(d) 整体安装泵入口管线　　(e) 安装盲板MB103

图 3-1-12　安装 CWS0104 管道、CWS0103 管道、CWS0102 管道和 CWS0101 管道

使用扳手拧紧连接螺栓,见图 3-1-12(c)。整体安装泵入口管线,见图 3-1-12(d)。安装盲板 MB103,盲板处于"抽"状态,使用扳手拧紧连接螺栓,见图 3-1-12(e)。

示范2 安装过滤器 ST101 和盲板 MB101

安装过滤器 ST101,使用扳手拧紧连接螺栓,见图 3-1-13(a)。安装八字盲板 MB101,盲板处于"抽"状态,使用扳手拧紧连接螺栓,见图 3-1-13(b)。

(a) 安装过滤器ST101 (b) 安装盲板MB101

图 3-1-13 安装过滤器 ST101 和盲板 MB101

示范3 安装 CWS0106 管道、单向阀 CV101 和 CWS0107 管道

安装 CWS0106 管道,安装盲板 MB104,盲板处于"抽"状态,使用扳手拧紧连接螺栓,见图 3-1-14(a)。安装单向阀 CV101,注意安装方向,不可装反,使用扳手拧紧连接螺栓,见图 3-1-14(b)。安装 CWS0107 管道,使用扳手拧紧连接螺栓,见图 3-1-14(c)。

(a) 安装CWS0106管道 (b) 安装单向阀CV101 (c) 安装CWS0107管道

图 3-1-14 安装 CWS0106 管道、单向阀 CV101 和 CWS0107 管道

示范4 安装截止阀 GA101、CWS0108 管道、CWS0115 管道和截止阀 GA104

安装截止阀 GA101,使用扳手拧紧连接螺栓,见图 3-1-15(a)。安装 CWS0108 管道,

使用扳手拧紧连接螺栓，见图 3-1-15（b）。安装盲板 MB102，盲板处于"抽"状态，安装 CWS0115 管道，使用扳手拧紧连接螺栓，见图 3-1-15（c）。安装截止阀 GA104，使用扳手拧紧连接螺栓，见图 3-1-15（d）。

(a) 安装截止阀GA101　　(b) 安装CWS0108管道　　(c) 安装CWS0115管道　　(d) 安装截止阀GA104

图 3-1-15　安装截止阀 GA101、CWS0108 管道、CWS0115 管道和截止阀 GA104

示范 5　安装 CWS0116 管道、CWS0109 管道和 CWS0110 管道

安装 CWS0116 管道，使用扳手拧紧连接螺栓，见图 3-1-16（a）。将 CWS0109 管道与 CWS0110 管道安装在一起，使用扳手拧紧连接螺栓，见图 3-1-16（b）。把 CWS0109 管道和 CWS0110 管道整体安装到泵出口管线上，使用扳手拧紧连接螺栓，见图 3-1-16（c）。

(a) 安装CWS0116管道　　　　(b) 安装CWS0109管道　　　　(c) 安装CWS0110管道

图 3-1-16　安装 CWS0116 管道、CWS0109 管道和 CWS0110 管道

示范 6　安装截止阀 GA102、CWS0111 管道、流量计 FI101、CWS0112 管道和截止阀 GA103

安装截止阀 GA102，使用扳手拧紧连接螺栓，见图 3-1-17（a）。安装 CWS0111 管道，使用扳手拧紧连接螺栓，见图 3-1-17（b）。安装流量计 FI101，使用扳手拧紧连接螺栓，见图 3-1-17（c）。安装 CWS0112 管道，使用扳手拧紧连接螺栓，见图 3-1-17（d）。安装截止阀 GA103，使用扳手拧紧连接螺栓，见图 3-1-17（e）。

(a) 安装截止阀GA102　　　(b) 安装CWS0111管道　　　(c) 安装流量计FI101

(d) 安装CWS0112管道　　　(e) 安装截止阀GA103

图 3-1-17　安装截止阀 GA102、CWS0111 管道、流量计 FI101、CWS0112 管道和截止阀 GA103

示范 7　安装 CWS0113 管道和盲板 MB105

安装 CWS0113 管道，使用扳手拧紧连接螺栓，见图 3-1-18(a)。安装盲板 MB105，盲板处于"抽"状态，使用扳手拧紧连接螺栓，见图 3-1-18(b)。

(a) 安装CWS0113管道　　　　　(b) 安装盲板MB105

图 3-1-18　安装 CWS0113 管道和盲板 MB105

示范 8　安装压力表 PG103 的盲板法兰和压力表（PG102、PG101）二阀组

安装泵出口压力表 PG102 二阀组，使用扳手拧紧连接螺栓，见图 3-1-19(a)。安装泵入

化工设备检维修

口压力表 PG101 二阀组，使用扳手拧紧连接螺栓，见图 3-1-19(b)。安装压力表 PG103 的盲板法兰，使用扳手拧紧连接螺栓，见图 3-1-19(c)。

(a) 安装出口压力表PG102二阀组　(b) 安装入口压力表PG101二阀组　(c)安装压力表PG103的盲板法兰

图 3-1-19　安装压力表 PG103 的盲板法兰和压力表（PG102、PG101）二阀组

示范 9　安装压力表和安全阀

安装盲板 MB106，安装盲板 MB107，盲板处于"抽"状态，安装安全阀 SV101，使用扳手拧紧连接螺栓，见图 3-1-20(a)。安装入口真空表 PG101，使用扳手拧紧连接螺栓，见图 3-1-20(b)。安装入口压力表 PG102，使用扳手拧紧连接螺栓，见图 3-1-20(c)。安装入口压力表 PG103，使用扳手拧紧连接螺栓，见图 3-1-20(d)。

(a) 安装安全阀SV101　(b) 安装入口真空表PG101　(c) 安装压力表PG102　　(d) 安装压力表PG103

图 3-1-20　安装压力表和安全阀

示范 10　摘牌去锁

摘掉出口球阀 BA102 上的锁具和警示牌，见图 3-1-21(a)。摘掉入口球阀 BA101 上的锁具和警示牌，见图 3-1-21(b)。摘掉电源开关的锁具和警示牌，见图 3-1-21(c)。

(a) 出口球阀BA102摘牌去锁　　(b) 泵入口球阀BA101摘牌去锁　　(c) 电源开关摘牌去锁

图 3-1-21　摘牌去锁

示范 11　启泵前检查

参照管路轴测图，检查管路元件是否齐全，各连接处无松动。确定排污阀、排气阀处于关闭状态。确定泵出、入口阀门处于关闭状态，见图 3-1-22(a)。确定压力表的二阀组处于打开状态。确定离心泵电源线连接牢固，见图 3-1-22(b)。检查轴承座油位处于 1/2～2/3处，见图 3-1-22(c)。

(a) 检查阀门状态　　　(b) 检查电源线连接情况　　　(c) 检查润滑油位

图 3-1-22　启泵前检查

示范 12　灌泵

打开入口阀 BA101，见图 3-1-23(a)。放置废液桶，打开泵出口排气阀 BA104，直到连续液体流出，关闭排空球阀 BA104，排出管线内空气，使泵壳内充满液体，灌泵完成，见图 3-1-23(b)。

(a) 打开入口阀BA101　　　　(b) 打开排气阀BA104

图 3-1-23　灌泵

示范 13　启泵

合上配电箱内的闸刀开关，给管路装置送电，见图 3-1-24(a)。按动离心泵启停按钮，启动离心泵，见图 3-1-24(b)。观察泵出口压力表 PG102 压力稳定后，缓慢打开泵出口截止阀 GA101，见图 3-1-24(c)。缓慢打开截止阀 GA103，调节流量至需要量，见图 3-1-24(d)。

化工设备检维修

(a) 送电

(b) 按泵启停按钮

(c) 打开截止阀GA101

(d) 打开截止阀GA103

图 3-1-24　启泵

任务
实施

活动 1　管道安装练习

1. 组织分工

学生 2～3 人为一组，按照任务要求分工，明确各自职责。

序号	人员	职责
1		
2		
3		

2. 制订管道安装计划

序号	工作步骤	需要的工具	安装的管件名称或管道号
1			
2			
3			
...	...	...	...

3. 选择正确的个人防护用品

找出管道安装中存在的危害因素，选择正确的个人防护用品。

序号	危害因素	个人防护用品
1		
2		
3		
...	...	...

4. 解决任务

按照任务分工，完成管道安装。

活动 2　现场清洁

① 物品、器具分类摆放整齐，无没用的物件。
② 清扫操作区域，保持工作场所干净、整洁。
③ 产生的废弃物品，统一回收到垃圾桶，不可随意丢弃。
④ 关闭水电气和门窗，最后离开教室的学生锁好门锁。

活动 3　撰写实训报告

回顾管路安装过程，每人写一份总结报告，内容包括学习心得、团队完成情况、个人参与情况、做得好的地方、尚需改进的地方等。

考核评价

① 学生以小组为单位，按照任务要求，进行自查、互评与总结。
② 教师参照评分标准进行考核评价。
③ 师生总结评价，改进不足，将来在学习或工作中做得更好。

序号	考核项目	考核内容	配分/分	得分/分
1	技能训练	个人防护用品选择正确	10	
		工具齐备、正确使用	5	
		管路安装计划周全	10	
		管件安装操作规范、管路安装完整	15	
		启泵操作规范	10	
		实训报告全面、体会深刻	15	
2	求知态度	求真求是、主动探索	5	
		执着专注、追求卓越	5	
3	安全意识	着装和个人防护用品穿戴正确	5	
		爱护工器具、机械设备，文明操作	5	
		如发生人为的操作安全事故、设备人为损坏、伤人等情况,安全意识不得分		
4	团结协作	分工明确、团队合作能力	3	
		沟通交流恰当,文明礼貌、尊重他人	2	

续表

序号	考核项目	考核内容	配分/分	得分/分
4	团结协作	自主参与程度、主动性	2	
5	现场整理	劳动主动性、积极性	3	
		保持现场环境整齐、清洁、有序	5	

任务二
管路泄漏处置

子任务一　钢带缠绕堵漏

学习目标

1. 能力目标
　　① 能正确使用钢带拉紧器。
　　② 能进行钢带缠绕拉紧堵漏。
2. 素质目标
　　① 通过规范学生的着装、工具使用、文明操作等，培养学生的安全意识。
　　② 通过信息收集、小组讨论、练习、考核等教学活动，培养学生追求卓越的工匠精神、主动探索的科学精神和团结协作的职业精神。
　　③ 通过实训场地的整理、整顿、清扫、清洁，培养学生的劳动精神。
3. 知识目标
　　① 掌握钢带拉紧器的使用方法。
　　② 掌握钢带缠绕堵漏技巧。

任务描述

　　带压堵漏是从事化工生产应急抢修作业的基本技能，请使用钢带缠绕堵漏法完成管线泄漏处的处置。

必备知识

钢带缠绕堵漏是使用钢带拉紧器，将钢带紧密地缠绕捆扎在漏点处的密封垫或密封胶上，阻止泄漏，见图 3-2-1。这种方法简便易行，容易掌握，适合于压力低于 3MPa、直径小于 500mm、外圆齐整的管道、法兰；缺点是弹性很小。

钢带拉紧器是拉紧钢带的专用工具，它由切断钢带用的切口、夹紧钢带的夹持手柄、拉紧钢带的扎紧手柄组成。

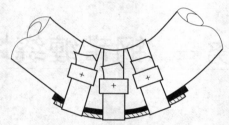

图 3-2-1　缠绕堵漏示意图

钢带拉紧器使用方法如下：

① 将钢带套在钢管上，其长度按钢管外周长及接扣长度截取，如图 3-2-2(a) 所示。

② 将钢带尾端 15mm 处折转 180°，钩住钢带卡扣，然后将钢带首端穿过钢带卡扣并围在泄漏部位外表面上，如图 3-2-2(b) 所示。

③ 使钢带穿过钢带拉紧器扁嘴，然后按住压紧杆，以防钢带退滑，如图 3-2-2(c) 所示。

④ 转动拉紧手把，施加紧缩力，逐渐拉紧钢带至足够的拉紧程度，如图 3-2-2(d) 所示。

⑤ 锁紧钢带卡上的紧定螺钉，防止钢带滑松，如图 3-2-2(e) 所示。

⑥ 推动切割把手，切断钢带，拆下钢带拉紧器，如图 3-2-2(f) 所示。

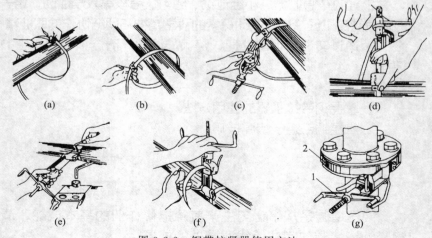

(a)　　　　　　(b)　　　　　　(c)　　　　　　(d)

(e)　　　　　　(f)　　　　　　(g)

图 3-2-2　钢带拉紧器使用方法

1—钢带拉紧器；2—钢带

示范 1 安装钢带卡扣

使用内六角扳手将钢带卡扣的顶丝松掉，将钢带其中的一头折弯，把钢带卡扣穿到钢带上，见图 3-2-3。

(a) 松掉钢带卡扣顶丝　　　　　　(b) 安装钢带

图 3-2-3　安装钢带卡扣

示范 2 钢带缠绕泄漏点

将钢带套在管道泄漏点的侧面，缠绕一周，并留有余量，见图 3-2-4。

示范 3 安装钢带拉紧器

使钢带穿过钢带拉紧器扁嘴，然后按住压紧杆，以防钢带退滑，见图 3-2-5。

示范 4 安装蜂巢密封垫

将蜂巢密封垫塞到钢带下，并移动到漏点处，见图 3-2-6。

图 3-2-4　钢带缠绕泄漏点　　　图 3-2-5　安装钢带拉紧器　　　图 3-2-6　安装蜂巢密封垫

示范 5　拉紧钢带

转动拉紧手把，逐渐拉紧钢带。钢带拉紧器拉到一定程度，将钢扣锁紧，以防脱扣，见图 3-2-7(a)。继续拉紧钢带，直到漏点停止漏水。取下拉紧器，剪掉多余的钢带，见图 3-2-7(b)。

(a) 锁紧钢扣　　　　　　　　(b) 剪断钢带

图 3-2-7　拉紧钢带

任务实施

活动 1　危害辨识

堵漏作业前，应进行安全分析，找出潜在的危害因素并制订控制措施，预防事故的发生。堵漏作业常见危害因素及控制措施见表 3-2-1。

表 3-2-1　堵漏作业危害因素及控制措施

危害因素	控制措施
搬放零件时，手部被挤压	佩戴手套，零件放置牢固后，撤去手部
钢带边角刺伤或划伤手部	佩戴手套
敲击零件被砸伤	佩戴手套，正确使用手锤
零件掉落，砸伤足部	穿安全鞋，零件摆放在牢靠位置或在地面上拆解
抛掷零件或工具，零件飞溅撞伤或设备损坏	禁止抛掷
使用螺丝刀、剪刀等，被扎伤、割伤或擦伤	佩戴手套，正确使用工具
现场地面存在液体滑倒摔伤	穿防滑鞋，及时清理液体
扳手用力过大打滑，被撞伤或扳手损坏	佩戴手套，正确使用扳手

想一想

找出堵漏作业中存在的危害因素，选择正确的个人防护用品。

序号	危害因素	个人防护用品
1		
2		
3		
...	...	...

活动 2　钢带缠绕堵漏练习

1. 组织分工

学生 2～3 人为一组，按照任务要求分工，明确各自职责。

序号	人员	职责
1		
2		
3		

2. 制订钢带缠绕堵漏计划

序号	工作步骤	需要的工具	耗材
1			
2			
3			
...	...	...	...

3. 解决任务

按照任务分工，完成钢带缠绕堵漏。

活动 3　现场清洁

① 物品、器具分类摆放整齐，无没用的物件。
② 清扫操作区域，保持工作场所干净、整洁。
③ 产生的废弃物品，统一回收到垃圾桶，不可随意丢弃。
④ 关闭水电气和门窗，最后离开教室的学生锁好门锁。

活动 4　撰写实训报告

回顾钢带缠绕堵漏过程，每人写一份总结报告，内容包括心得体会、团队完成情况、个人参与情况、做得好的地方、尚需改进的地方等。

考核评价

① 学生以小组为单位，按照任务要求，进行自查、互评与总结。

② 教师参照评分标准进行考核评价。

③ 师生总结评价，改进不足，将来在学习或工作中做得更好。

序号	考核项目	考核内容	配分/分	得分/分
1	技能训练	个人防护用品选择正确	10	
		工具齐备、正确使用	10	
		堵漏计划周全	10	
		管路堵漏操作规范	20	
		堵漏结果理想	15	
		实训报告全面、体会深刻	15	
2	求知态度	求真求是、主动探索	5	
		执着专注、追求卓越	5	
3	安全意识	着装和个人防护用品穿戴正确	5	
		爱护工器具、机械设备，文明操作	5	
		如发生人为的操作安全事故、设备人为损坏、伤人等情况，安全意识不得分		
4	团结协作	分工明确、团队合作能力	3	
		沟通交流恰当，文明礼貌、尊重他人	2	
5	现场整理	自主参与程度、主动性	2	
		劳动主动性、积极性	3	
		保持现场环境整齐、清洁、有序	5	

子任务二　夹具注胶堵漏

学习目标

1. 能力目标

　　① 能正确使用液压注胶枪。

　　② 能进行夹具注胶堵漏。

2. 素质目标

　　① 通过规范学生的着装、工具使用、文明操作等，培养学生的安全意识。

　　② 通过信息收集、小组讨论、练习、考核等教学活动，培养学生追求卓越的工匠精神、主动探索的科学精神和团结协作的职业精神。

　　③ 通过实训场地的整理、整顿、清扫、清洁，培养学生的劳动精神。

3. 知识目标

　　① 掌握注胶枪的使用方法。

　　② 掌握夹具注胶堵漏技巧。

任务描述

　　带压堵漏操作是从事化工生产应急抢修作业的基本技能，请使用夹具注胶堵漏方法完成管线泄漏处的处置。

必备
知识

　　夹具注胶法是在人为外力的作用下，将密封注剂强行注射到夹具与泄漏部位部分外表面所形成的密封空腔内，迅速地弥补各种复杂的泄漏缺陷，在注剂压力远远大于泄漏介质压力的条件下，泄漏被强行止住，密封注剂自身能够维持住一定的工作密封比压，并在短时间内由塑性体转变为弹性体，形成一个坚硬的、富有弹性的新的密封结构，达到重新密封的目的，见图 3-2-8。

　　操作步骤：先按泄漏部位的外形制作一个两半的钢制夹具，安装固定在泄漏处，然后把密封注剂用高压注射枪注入夹具和泄漏部位之间的空腔内。当注射压力大于泄漏压力时，泄漏停止，直到注射压力稳定，关闭注剂阀，堵漏结束。

　　法兰连接处夹具注胶法堵漏见图 3-2-9。首先将注剂阀安装在夹具的注剂孔上，并使阀处在全开的位置上，然后把夹具迅速安装在泄漏部位上，关闭泄漏点相反方向上的一个注剂阀，把已装好密封注剂的高压注射枪及高压软管连接在这个旋塞阀上，拧开注剂阀，使其处于全开位置，这时掀动提供动力源的手动高压油泵的手柄，压力油就会通过高压输油管进入高压注射枪尾部的油缸内，推动挤压活塞 6 向前移动，在注剂枪的前端是剂料腔 5，在挤压活塞的作用下，剂料腔内的密封注剂通过注剂阀被强行注射到夹具与泄漏部位部分外表面所

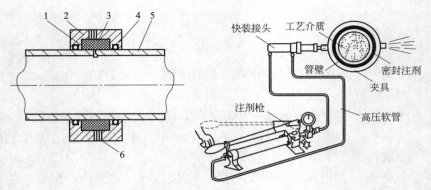

图 3-2-8　夹具注胶法

1—泄漏缺陷；2—夹具；3—密封注剂；4—密封元件；5—管壁；6—注剂孔

形成的密封空腔内，高压注剂枪一般可产生 $20 \sim 100 \mathrm{MPa}$ 的挤压力。因此在密封空腔内流动的密封注剂能够阻止小于上述压力下的任何介质的泄漏。一个注剂孔注射完毕后，关闭注剂阀，接着注射邻近的一个注剂孔，直到将整个密封空腔注射充满为止，这时泄漏会立刻停止，关闭最后一个注剂阀，拆下高压注剂枪，一个堵漏密封作业过程结束。

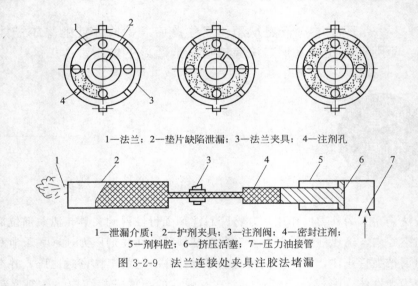

1—法兰；2—垫片缺陷泄漏；3—法兰夹具；4—注剂孔

1—泄漏介质；2—护剂夹具；3—注剂阀；4—密封注剂；
5—剂料腔；6—挤压活塞；7—压力油接管

图 3-2-9　法兰连接处夹具注胶法堵漏

示范 1　安装夹具

使用游标卡尺测量泄漏管道的外径，选择对应的夹具，见图 3-2-10(a)。将夹具四个螺栓，对角线松开、卸下。将夹具套在管道泄漏点的旁侧。调整方位使夹具开口处与泄漏点环向错位 90°。避开螺纹位置用锤子轻轻敲击使其逐渐紧固。使用扳手对角线拧紧夹具的连接螺栓，见图 3-2-10(b)。

(a) 测量泄漏管外径　　　　　　　(b) 拧紧夹具连接螺栓

图 3-2-10　安装夹具

示范 2　安装注胶阀和注胶枪

在夹具两侧安装 M12 注胶阀，使用扳手拧紧注胶阀，见图 3-2-11(a)。将注胶枪头拧在一侧注胶阀上，见图 3-2-11(b)。

(a) 拧紧注胶阀　　　　　　　(b) 将注胶枪头拧在一侧注胶阀上

图 3-2-11　安装注胶阀和注胶枪

示范 3　注胶堵漏

安装注胶枪的高压软管，见图 3-2-12(a)。在填料孔放入堵漏胶，见图 3-2-12(b)。逆时针拧紧注胶枪的泄压阀，见图 3-2-12(c)。反复提拉压杆，枪栓会顶住密封胶通过螺栓螺纹间隙进入夹具空隙，漏点消失，关闭注胶阀，见图 3-2-12(d)、(e)。把注胶枪安装到夹具另一侧，同样的操作方法，注胶，漏点止住后，关闭注胶阀。

示范 4　拆除注胶枪

逆时针松开注胶枪泄压阀，推料杆退回原始位置，见图 3-2-13(a)。拧下注胶枪头，见图 3-2-13(b)。

(a) 安装高压软管

(b) 放入堵漏胶

(c) 拧紧注胶枪的泄压阀

(d) 提拉压杆注胶

(e) 关闭注胶阀

图 3-2-12　注胶堵漏

(a) 松开注胶枪泄压阀

(b) 拧下注胶枪头

图 3-2-13　拆除注胶枪

任务
实施

活动 1　夹具注胶堵漏练习

1. 组织分工

学生 2~3 人为一组，按照任务要求分工，明确各自职责。

序号	人员	职责
1		
2		
3		

2. 制订夹具注胶堵漏计划

序号	工作步骤	需要的工具	耗材
1			
2			
3			
...		...	...

3. 选择正确的个人防护用品

找出堵漏作业中存在的危害因素，选择正确的个人防护用品。

序号	危害因素	个人防护用品
1		
2		
3		
...	...	...

4. 解决任务

按照任务分工，完成夹具注胶堵漏。

活动2 现场清洁

① 物品、器具分类摆放整齐，无没用的物件。
② 清扫操作区域，保持工作场所干净、整洁。
③ 产生的废弃物品，统一回收到垃圾桶，不可随意丢弃。
④ 关闭水电气和门窗，最后离开教室的学生锁好门锁。

活动3 撰写实训报告

回顾夹具注胶堵漏过程，每人写一份总结报告，内容包括心得体会、团队完成情况、个人参与情况、做得好的地方、尚需改进的地方等。

① 学生以小组为单位，按照任务要求，进行自查、互评与总结。
② 教师参照评分标准进行考核评价。
③ 师生总结评价，改进不足，将来在学习或工作中做得更好。

序号	考核项目	考核内容	配分/分	得分/分
1	技能训练	个人防护用品选择正确	10	
		工具齐备、正确使用	10	
		堵漏计划周全	10	
		管路堵漏操作规范	20	
		堵漏结果理想	15	
		实训报告全面、体会深刻	15	
2	求知态度	求真求是、主动探索	5	
		执着专注、追求卓越	5	
3	安全意识	着装和个人防护用品穿戴正确	5	
		爱护工器具、机械设备，文明操作	5	
		如发生人为的操作安全事故、设备人为损坏、伤人等情况，安全意识不得分		
4	团结协作	分工明确、团队合作能力	3	
		沟通交流恰当，文明礼貌、尊重他人	2	
		自主参与程度、主动性	2	
5	现场整理	劳动主动性、积极性	3	
		保持现场环境整齐、清洁、有序	5	

子任务三　法兰钢带丝杠注胶堵漏

学习目标

1. 能力目标
　①能正确使用注胶枪。
　②能进行法兰钢带丝杠注胶堵漏。
2. 素质目标
　①通过规范学生的着装、工具使用、文明操作等，培养学生的安全意识。
　②通过信息收集、小组讨论、练习、考核等教学活动，培养学生追求卓越的工匠精神、主动探索的科学精神和团结协作的职业精神。
　③通过实训场地的整理、整顿、清扫、清洁，培养学生的劳动精神。

3.知识目标
　　① 掌握注胶枪的使用方法。
　　② 掌握法兰钢带丝杠注胶堵漏技巧。

任务描述

　　带压堵漏操作是从事化工生产应急抢修作业的基本技能，请使用法兰钢带丝杠注胶堵漏方法完成法兰垫片处的泄漏处置。

示范 1　选择丝杠注胶阀

用游标卡尺测量泄漏法兰处连接螺栓的直径，见图 3-2-14(a)。测量丝杠注胶阀孔径，选择对应的丝杠注胶阀，见图 3-2-14(b)。

(a) 测量法兰连接螺栓直径　　　　(b) 测量注胶阀孔径

图 3-2-14　选择丝杠注胶阀

示范 2　安装钢带卡扣

使用内六角扳手将钢带卡扣的顶丝松掉，将钢带其中的一头折弯，把钢带卡扣穿到钢带上，见图 3-2-15。

示范 3　安装 G 型卡兰和丝杠注胶阀

使用固定扳手把 G 型卡兰固定在泄漏法兰上面，见图 3-2-16(a)。使用固定扳手将法兰

(a) 松掉钢带卡扣顶丝

(b) 安装钢带

图 3-2-15　安装钢带卡扣

的一个螺栓松开并取下螺母，见图 3-2-16(b)。安装丝杠注胶阀，将无台阶面对准法兰，见图 3-2-16(c)。使用固定扳手拧紧法兰连接螺栓后拆掉 G 型卡兰。

(a) 安装G型卡兰

(b) 拆卸法兰螺栓

(c) 安装注胶阀

图 3-2-16　安装 G 型卡兰和丝杠注胶阀

示范 4　缠紧钢带

将钢带套在管道上一周，并留有余量。使钢带穿过钢带拉紧器扁嘴，然后按住压紧杆，以防钢带退滑，见图 3-2-17(a)。在钢带卡扣底部垫一块钢带，见图 3-2-17(b)。转动拉紧手把，逐渐拉紧钢带。钢带拉紧器拉到一定程度后，将钢带卡扣锁紧，以防脱扣，见图 3-2-17(c)。剪掉多余的钢带，见图 3-2-17(d)。拆下钢带拉紧器。

(a) 拉紧钢带

(b) 底部垫钢带

(c) 锁紧卡扣

(d) 剪掉多余钢带

图 3-2-17　缠紧钢带

示范 5　注胶堵漏

将注胶枪安装在丝杠注胶阀上，见图 3-2-18(a)。把高压软管安装到注胶枪上，见图 3-2-18(b)。将密封纤维胶棒放入注胶枪头填料孔，见图 3-2-18(c)。逆时针拧紧注胶枪泄压阀，见

图 3-2-18(d)。反复提拉压杆，枪栓会顶住胶通过螺栓螺纹进入法兰空隙，直至不再泄漏，见图 3-2-18(e)。

(a) 安装注胶枪

(b) 安装高压软管

(c) 填入密封胶

(d) 拧紧注胶枪泄压阀

(e) 提拉压杆注胶

图 3-2-18　注胶堵漏

示范 6　拆掉注胶枪

逆时针松开注胶枪泄压阀，推料杆退回原始位置，见图 3-2-19(a)。拆下高压软管，见图 3-2-19(b)。拆下注胶枪，见图 3-2-19(c)。

(a) 松开注胶枪泄压阀

(b) 拆下高压软管

(c) 拆下注胶枪

图 3-2-19　拆掉注胶枪

任务
实施

活动 1　法兰钢带丝杠注胶堵漏练习

1. 组织分工

学生 2～3 人为一组，按照任务要求分工，明确各自职责。

序号	人员	职责
1		
2		
3		

2. 制订法兰钢带丝杠注胶堵漏计划

序号	工作步骤	需要的工具	耗材
1			
2			
3			
...	...	...	...

3. 选择正确的个人防护用品

找出堵漏作业中存在的危害因素，选择正确的个人防护用品。

序号	危害因素	个人防护用品
1		
2		
3		
...	...	...

4. 解决任务

按照任务分工，完成法兰钢带丝杠注胶堵漏。

活动2 现场清洁

① 物品、器具分类摆放整齐，无没用的物件。
② 清扫操作区域，保持工作场所干净、整洁。
③ 产生的废弃物品，统一回收到垃圾桶，不可随意丢弃。
④ 关闭水电气和门窗，最后离开教室的学生锁好门锁。

活动3 撰写实训报告

回顾法兰钢带丝杠注胶堵漏过程，每人写一份总结报告，内容包括心得体会、团队完成情况、个人参与情况、做得好的地方、尚需改进的地方等。

考核
评价

① 学生以小组为单位，按照任务要求，进行自查、互评与总结。

② 教师参照评分标准进行考核评价。

③ 师生总结评价，改进不足，将来在学习或工作中做得更好。

序号	考核项目	考核内容	配分/分	得分/分
1	技能训练	个人防护用品选择正确	10	
		工具齐备、正确使用	10	
		堵漏计划周全	10	
		管路堵漏操作规范	20	
		堵漏结果理想	15	
		实训报告全面、体会深刻	15	
2	求知态度	求真求是、主动探索	5	
		执着专注、追求卓越	5	
3	安全意识	着装和个人防护用品穿戴正确	5	
		爱护工器具、机械设备，文明操作	5	
		如发生人为的操作安全事故、设备人为损坏、伤人等情况,安全意识不得分		
4	团结协作	分工明确、团队合作能力	3	
		沟通交流恰当,文明礼貌、尊重他人	2	
		自主参与程度、主动性	2	
5	现场整理	劳动主动性、积极性	3	
		保持现场环境整齐、清洁、有序	5	

任务三
管路维护保养

子任务一　管路巡回检查

1. 能力目标
　　① 能列出管路巡回检查的内容。
　　② 能进行管路巡回检查。
2. 素质目标
　　① 通过规范学生的着装、工具使用、文明操作等，培养学生的安全意识。
　　② 通过信息收集、小组讨论、练习、考核等教学活动，培养学生追求卓越的工匠精神、主动探索的科学精神和团结协作的职业精神。
　　③ 通过实训场地的整理、整顿、清扫、清洁，培养学生的劳动精神。
3. 知识目标
　　① 掌握管路巡回的目的和检查内容。
　　② 掌握管路巡回检查实施要点。

　　管路巡回检查是从事化工生产的基本技能，请完成流体输送装置的巡回检查，并填好检查记录。流体输送装置的管路示意图见图3-3-1。

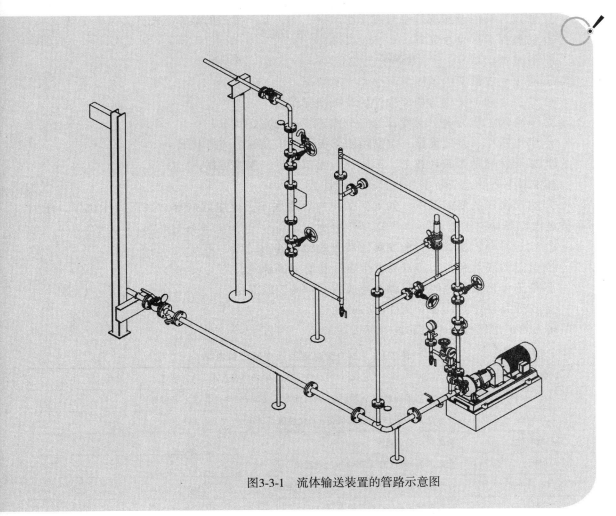

图3-3-1　流体输送装置的管路示意图

　　根据工艺流程和各装置单元分布情况划分区域，明确职责，做到每条管线、每个阀门、每个管架等都有专人负责，不允许出现无人管辖的管段。同时要制定严格的压力管道巡回检查制度，明确检查人员、检查时间、检查部位、应检查的项目，操作人员和维修人员均要按照各自的责任和要求定期按巡回检查路线完成每个部位、每个项目的检查，并做好巡回检查记录。尤其是对于新建装置或单元，由于可能存在设计、制造和安装等方面的问题，在运行初期，问题就会暴露出来，此时的巡检更为重要，检查中一旦发现异常情况，应立即汇报和处理。巡回检查的项目主要包括以下方面。

　　① 各项工艺操作指标参数及运行情况。

② 管道、阀门及各管件密封有无跑、冒、滴、漏。阀门的操作机构开关是否灵活。

③ 防腐保温层是否完好。

④ 管道振动情况。

⑤ 管道、支吊架的紧固、腐蚀和支承情况。

⑥ 管道之间、管道与相邻构件的摩擦情况。

⑦ 安全阀、压力表、温度计等安全保护装置的完好状况。

⑧ 静电跨接、接地设施、抗腐蚀阴阳极等保护设施的完好状况。

⑨ 紧固螺栓是否做到齐全、不锈蚀、丝扣完整、连接可靠。

其中对下列管道应特别加强检查和维护。

① 生产流程的要害部位。如加热炉出口、塔底部、反应器底部、高温高压机泵、压缩机的进出口等处的管道。

② 输送易燃、易爆、有毒或腐蚀性介质的管道。

③ 管道的底部和弯头等最易发生腐蚀和磨损的部位。

④ 管道上易被忽视的部位以及易成为"盲肠"的部位。

⑤ 工作条件苛刻、承受交变应力的管道。

压力管道巡回检查项目和内容见表 3-3-1。

表 3-3-1　压力管道巡回检查项目和内容

检查项目	检查内容
安全阀	本体和前手阀铅封是否完好,密封面有无泄漏,零部件是否完好可靠
压力表	指示是否灵敏,铅封是否完好,表盘玻璃是否破碎
温度计	温度指示是否准确
阀门	有无泄漏,螺栓有无锈蚀和松动现象
支吊架	有无松动和损坏现象,管道振动是否超标
管架基础	基础有无裂缝,基础是否下沉
保温层	有无损坏和脱落现象,有无受潮情况
其他	管道有无振动

如遇到下列情况之一,操作人员应立即采取紧急措施,避免更大事故的发生,同时向上级有关部门报告。

① 管道超温、超压、过冷,经处理仍然无效。

② 管道发生泄漏或破裂,危及安全生产。

③ 发生火灾、爆炸或相邻设备和管道发生事故直接危及管道安全运行。

巡查指引

按照表格中的检查内容,逐项检查流体输送装置。

检查项目	检查内容
管子、管件	① 各管子、管件有无泄漏； ② 油漆是否完好； ③ 管道振动是否正常
阀门	① 阀门填料和连接处有无泄漏； ② 操作手轮是否灵活； ③ 连接螺栓是否松动和锈蚀
安全阀	① 铅封是否完好； ② 连接处有无泄漏； ③ 零部件是否完好可靠
离心泵	① 润滑油位是否正常； ② 震动是否正常； ③ 机械密封有无泄漏； ④ 出入口连接螺栓是否松动和锈蚀； ⑤ 接地线是否正常
压力表	① 泵入口真空表 PG101 是否正常； ② 泵出口压力表 PG102 是否正常； ③ 中间压力表 PG103 是否正常
流量计	① 指针有无异常波动； ② 连接处有无泄漏
管支承	① 紧固螺栓有无松动； ② 有无损坏、腐蚀； ③ 有无倾斜、无效支撑
电气线路	① 有无老化、脱皮； ② 电源开关有无破损； ③ 电线连接是否牢固

活动 1　巡回检查练习

1. 组织分工

学生 2~3 人为一组，按照任务要求分工，明确各自职责。

序号	人员	职责
1		
2		
3		

2. 解决任务

按照任务分工，完成巡回检查，并填写检查记录。

检查记录表		
检查项目	检查内容	检查情况
...	...	

活动 2　现场清洁

① 物品、器具分类摆放整齐，无没用的物件。
② 清扫操作区域，保持工作场所干净、整洁。
③ 产生的废弃物品，统一回收到垃圾桶，不可随意丢弃。
④ 关闭水电气和门窗，最后离开教室的学生锁好门锁。

活动 3　撰写实训报告

回顾管路巡回检查过程，每人写一份总结报告，内容包括心得体会、团队完成情况、个人参与情况、做得好的地方、尚需改进的地方等。

① 学生以小组为单位，按照任务要求，进行自查、互评与总结。
② 教师参照评分标准进行考核评价。
③ 师生总结评价，改进不足，将来在学习或工作中做得更好。

序号	考核项目	考核内容	配分/分	得分/分
1	技能训练	巡回检查表填写规范	10	
		检查项目齐全	20	
		检查结果记录详细、正确	30	
		实训报告全面、体会深刻	15	
2	求知态度	求真求是、主动探索	5	
		执着专注、追求卓越	5	
3	安全意识	着装和个人防护用品穿戴正确	5	
		爱护工器具、机械设备，文明操作	5	
		如发生人为的操作安全事故、设备人为损坏、伤人等情况,安全意识不得分		

续表

序号	考核项目	考核内容	配分/分	得分/分
4	团结协作	分工明确、团队合作能力	3	
		沟通交流恰当,文明礼貌、尊重他人	2	
		自主参与程度、主动性	2	
5	现场整理	劳动主动性、积极性	3	
		保持现场环境整齐、清洁、有序	5	

子任务二　管路定点测厚

学习目标

1. 能力目标
   ① 能列出装置上测厚点的位置。
   ② 能进行管道定点测厚。
2. 素质目标
   ① 通过规范学生的着装、工具使用、文明操作等,培养学生的安全意识。
   ② 通过信息收集、小组讨论、练习、考核等教学活动,培养学生追求卓越的工匠精神、主动探索的科学精神和团结协作的职业精神。
   ③ 通过实训场地的整理、整顿、清扫、清洁,培养学生的劳动精神。
3. 知识目标
   ① 掌握管道定点测厚实施要求。
   ② 掌握定点测厚的布点原则。

任务描述

管路定点测厚是从事化工生产的基本技能,请完成流体输送装置的定点测厚,并填好测厚记录。流体输送装置的管路轴测图见图3-3-1。

一、管道定点测厚要求

随着各石化企业加工原油重质化、多样化及高硫高酸的趋势日益加重，为了保证生产装置管道的完好运行，对重要的压力管道进行定点测厚，依靠大量的数据来判断管道的腐蚀状况和剩余寿命，并及时消除事故隐患，对防止发生压力管道安全事故是十分有效的手段之一。定点测厚主要针对管道的均匀腐蚀和冲刷腐蚀，其相对监测效果较好。

1. 布点原则

① 定点测厚布点应根据工艺流程、操作条件、介质的腐蚀性及以往的腐蚀检查情况确定。

② 在腐蚀突出的部位设置固定的监测点，考虑现场实际情况，一般将测厚点选在检测人员容易操作的位置（腐蚀较严重和需特别重视的部位除外）。

③ 定点测厚布点必须有明显的标记，以保证数据的真实性，有保温的管道应安装可拆卸式保温罩。

④ 定点测厚布点应优先考虑弯头、大小头、三通、集合管、"盲肠"死角及喷嘴、阀门、孔板等附近易腐蚀和易冲蚀部位，直管段可酌情考虑，常见结构定点测厚的布点位置参考图 3-3-2。

⑤ 对于介质腐蚀性较强的管道，当直管段长度大于 20m 时，一般纵向安排 3 处测厚点，长度为 10～20m 时，一般安排 2 处，小于 10m 时可安排 1 处。

⑥ 水平直管段同一截面处原则上安排 4 个测厚点，管径较小时在可能腐蚀严重的部位安排 1 处。

2. 测厚频率

① 定点测厚原则上每 6 个月检测一次，然后根据腐蚀速率（毫米/年，mm/a）适当增减频次。腐蚀速率（mm/a）＝最近 2 次所测某点的差值（mm）/间隔时间（a）。

② 当腐蚀速率小于 0.1mm/a 时，可延长至每年进行一次测厚。

③ 当腐蚀速率在 0.1～0.3mm/a 时，应缩短至每 6 个月进行一次测厚。

④ 当腐蚀速率在 0.3～0.5mm/a 时，应缩减至每 3 个月进行一次测厚。

⑤ 当腐蚀速率大于 0.5mm/a 时，应对该管道进行监控，根据具体情况适当增加测厚布点和测厚频次。

⑥ 当工艺条件发生较大变动时，在发生变动 3 个月后应进行一次测厚。

⑦ 装置停工检修期间应对所有的定点测厚布点进行常温测厚。

3. 测厚基本要求

① 测厚工作应确保定点，要求数据准确，测厚仪器精度不应低于±0.1mm。

② 每次测厚时应及时记录，如发现与上次测厚结果相差较大时，应首先核对数据的准确性，并重新进行测厚。如确认无误，应认真分析原因并提出处理意见。

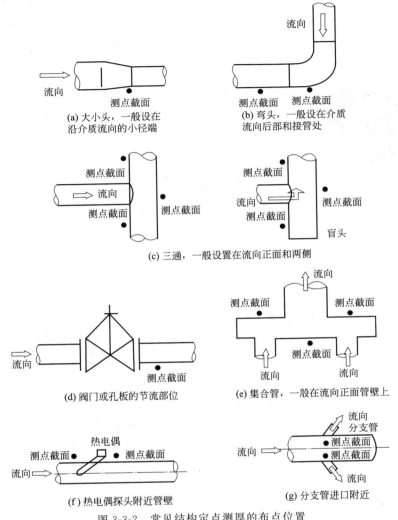

图 3-3-2　常见结构定点测厚的布点位置

③ 对于腐蚀减薄量较大的管道，应按照有关标准进行剩余寿命的估算，剩余寿命的可靠程度取决于测厚数据的准确性且只能用于均匀腐蚀，只宜参考，不宜作为判废依据。

二、超声波测厚仪

超声波测厚仪有以下几种测厚方法。

（1）单点测量法　在被测体上任一点，利用探头进行测量，显示值即为厚度值。

（2）两点测量法　在被测体的同一点用探头进行两次测量，在第二次测量中，探头的分割面成 90°，取两次测量中的较小值为厚度值。

（3）多点测量法　当测量值不稳定时，以一个测定点为中心，在直径约为 30mm 的圆内进行多次测量，取最小值为厚度值。

（4）连续测量法　用单点测量法，沿指定线路连续测量，其间隔不小于 5mm，取其中最小值为厚度值。

　　测量时，探头分割面可分别沿管材的轴线或垂直管材的轴线测量，此时屏幕上的读数将有规则地变化，选择读数中的最小值作为材料的准确厚度。若管径大时，应在垂直轴线的方向测量，管径小时，则选择沿着轴线方向和垂直轴线方向两种测量方法，取读数中的最小值作为工件的厚度值。

　　按照表格中的测厚点，逐项测量管件的厚度。

序号	测厚位置	测厚点
1	泵入口变径小头	0°、90°、180°、270°四处
2	泵入口弯头处	① 介质流向后部： 0°、90°、180°、270°四处； ② 接管处： 0°、90°、180°、270°四处
3	回流管线三通处	① 介质流向前侧： 0°、90°、180°、270°四处； ② 介质流向前侧： 0°、90°、180°、270°四处； ③ 介质流向分支侧： 0°、90°、180°、270°四处
4	截止阀 GA102 后部	0°、90°、180°、270°四处
5	过滤器后部	0°、90°、180°、270°四处

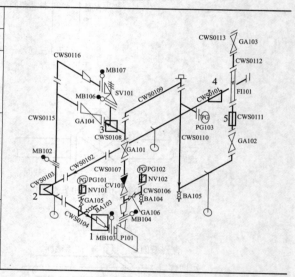

活动 1　测厚练习

1. 组织分工

学生 2～3 人为一组，按照任务要求分工，明确各自职责。

序号	人员	职责
1		
2		
3		

2. 解决任务

按照任务分工，完成测厚作业，填写测厚记录表。

测厚位置	测厚值/mm
泵入口变径小头	0°＿＿＿＿＿；90°＿＿＿＿＿； 180°＿＿＿＿＿；270°＿＿＿＿＿
泵入口弯头处	① 介质流向后部 0°＿＿＿＿＿；90°＿＿＿＿＿； 180°＿＿＿＿＿；270°＿＿＿＿＿ ② 接管处 0°＿＿＿＿＿；90°＿＿＿＿＿； 180°＿＿＿＿＿；270°＿＿＿＿＿
回流管线三通处	① 介质流向前侧 0°＿＿＿＿＿；90°＿＿＿＿＿； 180°＿＿＿＿＿；270°＿＿＿＿＿ ② 介质流向前侧 0°＿＿＿＿＿；90°＿＿＿＿＿； 180°＿＿＿＿＿；270°＿＿＿＿＿ ③ 介质流向分支侧 0°＿＿＿＿＿；90°＿＿＿＿＿； 180°＿＿＿＿＿；270°＿＿＿＿＿
截止阀 GA102 后部	0°＿＿＿＿＿；90°＿＿＿＿＿； 180°＿＿＿＿＿；270°＿＿＿＿＿
过滤器后部	0°＿＿＿＿＿；90°＿＿＿＿＿； 180°＿＿＿＿＿；270°＿＿＿＿＿

活动 2　现场清洁

① 物品、器具分类摆放整齐，无没用的物件。

② 清扫操作区域，保持工作场所干净、整洁。

③ 产生的废弃物品，统一回收到垃圾桶，不可随意丢弃。

④ 关闭水电气和门窗，最后离开教室的学生锁好门锁。

活动 3　撰写实训报告

回顾测厚过程，每人写一份总结报告，内容包括心得体会、团队完成情况、个人参与情况、做得好的地方、尚需改进的地方等。

考核评价

① 学生以小组为单位，按照任务要求，进行自查、互评与总结。

② 教师参照评分标准进行考核评价。

③ 师生总结评价，改进不足，将来在学习或工作中做得更好。

序号	考核项目	考核内容	配分/分	得分/分
1	技能训练	测厚仪使用正确	10	
		测厚记录表填写规范	10	
		测量数据准确	30	
		实训报告全面、体会深刻	15	
2	求知态度	求真求是、主动探索	5	
		执着专注、追求卓越	5	
3	安全意识	着装和个人防护用品穿戴正确	5	
		爱护工器具、机械设备，文明操作	5	
		如发生人为的操作安全事故、设备人为损坏、伤人等情况，安全意识不得分		
4	团结协作	分工明确、团队合作能力	3	
		沟通交流恰当，文明礼貌、尊重他人	2	
		自主参与程度、主动性	2	
5	现场整理	劳动主动性、积极性	3	
		保持现场环境整齐、清洁、有序	5	

模块四

压力试验

任务一
泵入口管线水压试验

1. 能力目标
   ① 能正确选用水压试验用工装和工具。
   ② 能对泵入口管线进行水压试验。
2. 素质目标
   ① 通过规范学生的着装、工具使用、文明操作等，培养学生的安全意识。
   ② 通过信息收集、小组讨论、练习、考核等教学活动，培养学生追求卓越的工匠精神、主动探索的科学精神和团结协作的职业精神。
   ③ 通过实训场地的整理、整顿、清扫、清洁，培养学生的劳动精神。
3. 知识目标
   ① 掌握水压试验技术要求。
   ② 掌握管路水压试验操作技能。

管道水压试验是从事管路操作与管理的基本技能，要求小王完成流体输送装置中泵入口管线的水压试验。流体输送装置的管路轴测图见图3-1-1。

1. 试验用水

试验流体应使用洁净水，当对奥氏体不锈钢管道或对连有奥氏体不锈钢组成件或容器的管道进行试验时，水中氯离子含量（质量分数）不得超过 50×10^{-6}。

2. 试验压力

内压管道系统中任何一点的液压试验压力均应按下述规定：

① 不得低于 1.5 倍设计压力。

② 设计温度高于试验温度时，试验压力应不低于下式计算值：

$$p_T = 1.5 p S_1 / S_2$$

式中　p_T——试验压力，MPa；

p——设计压力，MPa；

S_1——试验温度下，管子的许用应力，MPa；

S_2——设计温度下，管子的许用应力，MPa。

当 S_1 / S_2 大于 6.5 时，取 6.5。

3. 试验技术要求

（1）管道压力试验的隔断　管道压力试验进行期间应用盲板或其他方法将它与非试验管道隔开，也可采用适合试验压力的阀门予以切断。

闸阀、截止阀等切断阀出厂前已进行水压试验，可不参与管线水压试验。安全阀、爆破片等安全泄放装置不得参与水压试验。

（2）压力表　试验用压力表应经过校验，在校验有效期内，压力表的精度不得低于 1.6级。压力表的满刻度值应为最大试验压力的 1.5～2.0 倍。试验时使用的压力表不得少于 2块，其中至少 1 块压力表安装于液位最高点，且以安装于液位最高点的压力表读数为准。

（3）试验过程　管道在液压试验室应将系统内空气放尽，缓慢升压，达到试验压力后稳压 10min，然后降至设计压力，停压 30min，以压力不降、无渗漏为合格。试验完毕应将试压系统内试压介质缓慢降压排尽，液体试验介质宜在室外合适地点排放干净，挂放时考虑反冲力作用及安全环保要求。管道系统试压合格后，应及时拆除盲板、临时加固件、临时短管及膨胀节。

当进行压力试验时，应划定禁区，无关人员不得进入。

4. 试压注意事项

① 试验过程中应保持管路表面干燥。如发现焊缝、连接处有水滴出现，则表明此处有泄漏，此时压力表读数会下降，作标记，卸压后修补。

② 充水、加压后，如发现法兰连接和螺纹连接处轻微渗水，可通过拧紧螺栓消除，如不能消除，应通过低点排液泄压后，才能重新连接操作。

③ 在保压期间不得采用连续加压的做法维持压力不变，也不得带压紧固螺栓或向受压元件施加外力。

示范1　绘制试压工艺流程图

分析泵入口管线管路，绘制试压工艺流程图，如图 4-1-1 所示。

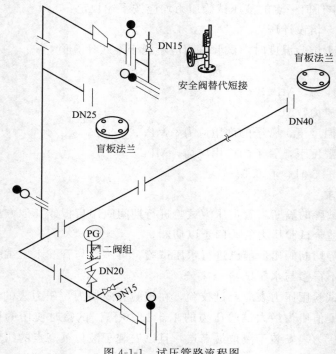

图 4-1-1　试压管路流程图

示范2　组装试压管路

使用扳手抽堵盲板 MB101，使其处于"堵"状态，见图 4-1-2(a)。使用扳手抽堵盲板 MB103，使其处于"堵"状态，见图 4-1-2(b)。使用扳手拆除安全阀，见图 4-1-2(c)。安装

(a)"堵"盲板MB101

(b)"堵"盲板MB103

(c)拆除安全阀

(d)安装安全阀替代工装

(e)"堵"盲板MB106和"抽"盲板MB107　　(f)截止阀出口端"堵"盲板法兰　　　　(g)更换真空表

图 4-1-2　组装试压管路

安全阀替代工装，使 MB106 处于"堵"状态，使 MB107 处于"抽"状态，见图 4-1-2(d)、(e)。拆除截止阀 GA104，在出口侧安装盲板法兰，见图 4-1-2(f)。把入口真空表更换为试压压力表，见图 4-1-2(g)。

示范 3　注水排气

从注水球阀 BA103 处连接注水软管，见图 4-1-3(a)。打开安全阀替代工装最高点的排气球阀，见图 4-1-3(b)。注水排气。待排气球阀连续不断地向外排水时，关闭排气球阀，关闭进水球阀 BA103。

(a)打开注水球阀BA103　　　　　　　　　(b)打开排气球阀

图 4-1-3　注水排气

示范 4　检查有无漏水

系统灌水完毕后，不要急于升压，先检查一下系统有无渗水漏水现象。重点检查管件间的焊缝、法兰连接处、螺纹连接处，见图 4-1-4。若发现泄漏，查找原因，消除泄漏点。

示范 5　升压

向手动试压泵的水箱里注水。把手动试压泵的高压软管与注水球阀 BA103 连接在一起，见图 4-1-5(a)。关闭手动试压泵的泄压开关，见图 4-1-5(b)。打开注水球阀 BA103，见

图 4-1-4　检查有无漏水

图 4-1-5(c)。反复提压手动试压泵的压杆，给管路系统加压，升压过程要缓慢、平稳，先把压力升到工作压力，关闭注水球阀 BA103，见图 4-1-5(d)。使用扳手拧开试压压力表的二阀组放气丝堵，见图 4-1-5(e)。打开二阀组排气阀门排气，见图 4-1-5(f)。再次检查管件间的焊缝、法兰连接、螺纹连接有无泄漏。若有出现泄漏，查找原因，消除泄漏点。若无异常，打开注水球阀 BA103，拉压手动试压泵，继续升压到试验压力。关闭注水球阀 BA103。打开试压泵卸压开关卸去管道内压力。拆除手动试压泵。

(a) 连接试压泵软管　　　　(b) 关闭泄压开关　　　　(c) 打开注水球阀

(d) 加压　　　　(e) 拧开二阀组排气丝堵　　　　(f) 压力表二次排气

图 4-1-5　升压

示范 6　保压

当压力达到试验压力后，稳压 10min。稳压期间检查管件间的焊缝、法兰连接、螺纹连接有无泄漏。若发现泄漏时，泄压后处理，消除缺陷后应重新试压。

保压 10min 后，若无泄漏，缓慢打开注水球阀 BA103，将压力降至设计压力，再保压 30min，见图 4-1-6。以压力不降、无渗漏，试验过程中无异常的声响，为合格。

示范 7　卸压

试验合格后，打开注水阀门逐渐泄压，泄压速率≤0.1MPa/min，将水排至指定地点。

当压力降至常压后，打开高点排气阀，平衡系统内压，排净管内物料，见图4-1-7。

图 4-1-6　降压至设计压力

图 4-1-7　打开安全阀替代工装上排气球阀

示范 8　试压后恢复工作

使用扳手抽堵盲板 MB101，使其处于"抽"状态，见图 4-1-8（a）。使用扳手抽堵盲板 MB103，使其处于"抽"状态，见图 4-1-8（b）。拆除安全阀替代工装，使 MB106 处于"抽"状态，使 MB107 处于"抽"状态，见图 4-1-8（c）。使用扳手安装安全阀，见图 4-1-8（d）。使用扳手拆除截止阀 GA104 出口侧盲板法兰，见图 4-1-8（e）。安装截止阀 GA104，见图 4-1-8（f）。把试压压力表更换为入口真空表，见图 4-1-8（g）。

(a)"抽"盲板MB101

(b)"抽"盲板MB103

(c)拆除安全阀替代工装

(d)安装安全阀

(e)拆除盲板法兰

(f)安装截止阀

(g)更换试压表

图 4-1-8　试压后恢复工作

示范 9　记录水压试验结果

将水压试验的结果和过程数据记录在水压试验记录表中。

检查项目		□水压	□气压	□气密	
试压管线			设计压力/MPa		

化工设备检维修

续表

试验压力/MPa		压力表量程/MPa	
试验介质		压力表精度等级	

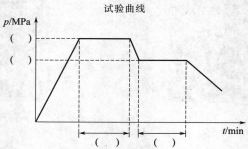

试验曲线

泄漏部位	
异常变形部位	
异常响声	

试验结果		
试压日期：	试压人：	

任务 实施 C

活动 1 危害辨识

水压试验作业前，应进行安全分析，找出潜在的危害因素并制定控制措施，预防事故的发生。水压试验常见危害因素及控制措施见表 4-1-1。

表 4-1-1 水压试验常见危害因素及控制措施

危害因素	控制措施
搬放零件时，手部被挤压	佩戴手套，零件放置牢固后，撤去手部
零件掉落，砸伤足部	穿安全鞋，零件摆放在牢靠位置或在地面上拆解
抛掷零件或工具，零件飞溅撞伤或设备损坏	禁止抛掷
使用螺丝刀、剪刀、錾子等，被扎伤、割伤或擦伤	佩戴手套，正确使用工具
现场地面存在液体滑倒摔伤	穿防滑鞋，及时清理液体
扳手用力过大打滑，被撞伤或扳手损坏	佩戴手套，正确使用扳手
乱砸乱撬、暴力拆解，设备或工具损坏	选择合适的拆解方法，正确地使用工具
带压操作，介质喷出伤人	严禁带压操作，佩戴护目镜

想一想

找出水压试验作业中存在的危害因素，选择正确的个人防护用品。

序号	危害因素	个人防护用品
1		
2		
3		
…	…	…

活动 2　水压试验练习

1. 组织分工

学生 2～3 人为一组，按照任务要求分工，明确各自职责。

序号	人员	职责
1		
2		
3		

2. 绘制管路试压工艺流程图
3. 列出压力试验需要的工装（配件）

类别	试压工装（配件）		
	名称	规格	数量
管件			
阀门			
紧固件			
垫片			
仪表			
管支承			

4. 列出压力试验需要的工具和耗材

工具和耗材名称	规格	数量
…	…	…

5. 解决任务

按照任务分工，完成水压试验。

活动 3　现场清洁

① 物品、器具分类摆放整齐，无没用的物件。
② 清扫操作区域，保持工作场所干净、整洁。
③ 产生的废弃物品，统一回收到垃圾桶，不可随意丢弃。
④ 关闭水电气和门窗，最后离开教室的学生锁好门锁。

活动 4　撰写实训报告

回顾水压试验过程，每人写一份总结报告，内容包括学习心得、团队完成情况、个人参与情况、做得好的地方、尚需改进的地方等。

① 学生以小组为单位，按照任务要求，进行自查、互评与总结。
② 教师参照评分标准进行考核评价。
③ 师生总结评价，改进不足，将来在学习或工作中做得更好。

序号	考核项目	考核内容	配分/分	得分/分
1	技能训练	个人防护用品选择正确	10	
		试压工艺流程图绘制正确、规范	10	
		工具和耗材齐备	10	
		水压试验操作规范	20	
		压力试验合格	5	
		实训报告全面、体会深刻	10	
2	求知态度	求真求是、主动探索	5	
		执着专注、追求卓越	5	
3	安全意识	着装和个人防护用品穿戴正确	5	
		爱护工器具、机械设备，文明操作	5	
		如发生人为的操作安全事故、设备人为损坏、伤人等情况，安全意识不得分		
4	团结协作	分工明确、团队合作能力	3	
		沟通交流恰当，文明礼貌、尊重他人	2	
		自主参与程度、主动性	2	
5	现场整理	劳动主动性、积极性	3	
		保持现场环境整齐、清洁、有序	5	

任务二
泵出口管线水压试验

学习目标

1. 能力目标
　　① 能正确选用水压试验用工装和工具。
　　② 能对泵出口管线进行水压试验。
2. 素质目标
　　① 通过规范学生的着装、工具使用、文明操作等，培养学生的安全意识。
　　② 通过信息收集、小组讨论、练习、考核等教学活动，培养学生追求卓越的工匠精神、主动探索的科学精神和团结协作的职业精神。
　　③ 通过实训场地的整理、整顿、清扫、清洁，培养学生的劳动精神。
3. 知识目标
　　① 掌握水压试验技术要求。
　　② 掌握管路水压试验操作技能。

任务描述

　　管道水压试验是从事管路操作与管理的基本技能，请完成流体输送装置中泵出口管线的水压试验。流体输送装置的管路轴测图见图3-1-1。

示范 1　绘制试压工艺流程图

分析泵出口管线管路，绘制试压工艺流程图，如图 4-2-1 所示。

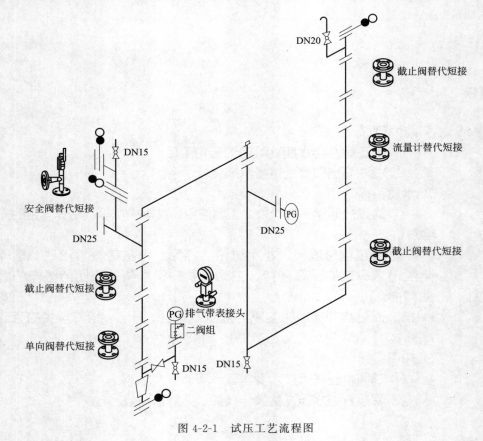

图 4-2-1　试压工艺流程图

示范 2　组装试压管路

使用扳手抽堵盲板 MB104，使其处于"堵"状态，见图 4-2-2(a)。使用扳手抽堵盲板 MB105，使其处于"堵"状态，见图 4-2-2(b)。使用扳手拆除安全阀，见图 4-2-2(c)。安装安全阀替代工装，使 MB106 处于"抽"状态，使 MB107 处于"堵"状态，见图 4-2-2(d)。拆除截止阀 GA101，安装替代工装，见图 4-2-2(e)。拆除流量计 FI101，安装替代工装，见图 4-2-2(f)。拆除截止阀 GA102，安装替代工装，见图 4-2-2(g)。拆除介质阀 GA101，安装替代工装，见图 4-2-2(h)。拆除单向阀 CV101，安装替代工装，见图 4-2-2(i)。拆除截止阀

GA104，见图 4-2-2(j)。在入口侧安装盲板法兰，见图 4-2-2(k)。

(a) "堵" 盲板MB104　　(b) "堵" 盲板MB105　　(c) 拆除安全阀　　(d) 安装安全阀替代工装

(e) 安装GA101替代工装　　(f) 安装FI101替代工装　　(g) 安装GA102替代工装　　(h) 安装GA101替代工装

(i) 安装CV101替代工装　　(j) 拆除截止阀GA104　　　(k) 安装盲板法兰

图 4-2-2　组装试压管路

示范 3　注水排气

从注水球阀 BA104 处连接注水软管，见图 4-2-3(a)。打开安全阀替代工装最高点的排

(a) 打开注水球阀BA103　　(b) 打开排气球阀　　(c) 打开排气球阀BA106

图 4-2-3　注水排气

化工设备检维修

气球阀，注水排气，见图4-2-3（b）。打开排气球阀BA106，注水排气，见图4-2-3（c）。待排气球阀连续不断地向外排水时，关闭排气球阀。

示范 4　检查有无漏水

系统灌水完毕后，不要急于升压，先检查一下系统有无渗水漏水现象。重点检查管件间的焊缝、法兰连接处、螺纹连接处，见图4-2-4。若发现泄漏，查找原因，消除泄漏点。

图 4-2-4　检查有无漏水

示范 5　升压

向手动试压泵的水箱里注水。把手动试压泵的高压软管与注水球阀BA104连接在一起，见图4-2-5（a）。关闭手动试压泵的泄压开关，见图4-2-5（b）。打开注水球阀BA104，见图4-2-5（c）。反复提压手动试压泵的压杆，给管路系统加压，升压过程要缓慢、平稳，先把压力升到工作压力，关闭注水球阀BA104，见图4-2-5（d）。使用扳手拧开试压压力表的二阀组放气丝堵，见图4-2-5（e）。打开二阀组排气阀门排气，见图4-2-5（f）。再次检查管件间的

(a) 连接试压泵软管　　　(b) 关闭泄压开关　　　(c) 打开注水球阀

(d) 加压　　　(e) 拧开二阀组排气丝堵　　　(f) 压力表二次排气

图 4-2-5　升压

焊缝、法兰连接、螺纹连接有无泄漏。若有出现泄漏，查找原因，消除泄漏点。若无异常，打开注水球阀 BA104，拉压手动试压泵，继续升压到试验压力。关闭注水球阀 BA104。打开试压泵卸压开关卸去管道内压力。拆除手动试压泵。

示范 6　保压

当压力达到试验压力后，稳压 10min。稳压期间检查管件间的焊缝、法兰连接、螺纹连接有无泄漏。若发现泄漏时，泄压后处理，消除缺陷后应重新试压。

保压 10min 后，若无泄漏，缓慢打开注水球阀 BA104，将压力降至设计压力，再保压 30min，见图 4-2-6。以压力不降、无渗漏，试验过程中无异常的声响，为合格。

示范 7　卸压

试验合格后，打开注水阀门逐渐泄压，泄压速率≤0.1MPa/min，将水排至指定地点。当压力降至常压后，打开高点排气阀，平衡系统内压，排净管内物料，见图 4-2-7。

图 4-2-6　降压至设计压力　　　　图 4-2-7　打开安全阀替代工装上排气球阀

示范 8　试压后恢复工作

使用扳手抽堵盲板 MB104，使其处于"抽"状态，见图 4-2-8(a)。使用扳手抽堵盲板 MB105，使其处于"抽"状态，见图 4-2-8(b)。拆除安全阀替代工装，使 MB106 处于"抽"状态，使 MB107 处于"抽"状态，见图 4-2-8(c)。使用扳手安装安全阀，见图 4-2-8(d)。拆除替代工装，安装截止阀 GA103，见图 4-2-8(e)。拆除替代工装，安装流量计 FI101，见

(a) "抽"盲板MB104　　(b) "抽"盲板MB105　　(c) 拆除安全阀替代工装　　(d) 安装安全阀

图 4-2-8

(e) 安装GA103	(f) 安装FI101	(g) 安装GA102	(h) 安装GA101
(i) 安装CV101	(j) 拆除盲板法兰		(k) 安装截止阀GA104

图 4-2-8　试压后恢复工作

图 4-2-8(f)。拆除替代工装，安装截止阀 GA102，见图 4-2-8(g)。拆除替代工装，安装介质阀 GA101，见图 4-2-8(h)。拆除替代工装，安装单向阀 CV101，见图 4-2-8(i)。拆除入口侧安装盲板法兰，见图 4-2-8(j)。安装截止阀 GA104，见图 4-2-8(k)。

示范 9　记录水压试验结果

将水压试验的结果和过程数据记录在水压试验记录表中。

检查项目		□水压	□气压	□气密
试压管线		设计压力/MPa		
试验压力/MPa		压力表量程/MPa		
试验介质		压力表精度等级		

试验曲线

p/MPa

(　)

(　)

(　)　　(　)

t/min

泄漏部位	
异常变形部位	
异常响声	
试验结果	
试压日期：	试压人：

活动 1 水压试验练习

1. 组织分工
学生 2～3 人为一组，按照任务要求分工，明确各自职责。

序号	人员	职责
1		
2		
3		

2. 选择正确的个人防护用品
找出水压试验作业中存在的危害因素，选择正确的个人防护用品。

序号	危害因素	个人防护用品
1		
2		
3		
...	...	...

3. 绘制管路试压工艺流程图
4. 列出压力试验需要的工装（配件）

类别	试压工装（配件）		
	名称	规格	数量
管件			
阀门			
紧固件			
垫片			
仪表			
管支承			

5. 列出压力试验需要的工具和耗材

工具和耗材名称	规格	数量
...	...	...

6. 解决任务

按照任务分工，完成水压试验。

活动 2　现场清洁

① 物品、器具分类摆放整齐，无没用的物件。
② 清扫操作区域，保持工作场所干净、整洁。
③ 产生的废弃物品，统一回收到垃圾桶，不可随意丢弃。
④ 关闭水电气和门窗，最后离开教室的学生锁好门锁。

活动 3　撰写实训报告

回顾水压试验过程，每人写一份总结报告，内容包括学习心得、团队完成情况、个人参与情况、做得好的地方、尚需改进的地方等。

① 学生以小组为单位，按照任务要求，进行自查、互评与总结。
② 教师参照评分标准进行考核评价。
③ 师生总结评价，改进不足，将来在学习或工作中做得更好。

序号	考核项目	考核内容	配分/分	得分/分
1	技能训练	个人防护用品选择正确	10	
		试压工艺流程图绘制正确、规范	10	
		工具和耗材齐备	10	
		水压试验操作规范	20	
		压力试验合格	5	
		实训报告全面、体会深刻	10	
2	求知态度	求真求是、主动探索	5	
		执着专注、追求卓越	5	
3	安全意识	着装和个人防护用品穿戴正确	5	
		爱护工器具、机械设备，文明操作	5	
		如发生人为的操作安全事故、设备人为损坏、伤人等情况,安全意识不得分		

序号	考核项目	考核内容	配分/分	得分/分
4	团结协作	分工明确、团队合作能力	3	
		沟通交流恰当,文明礼貌、尊重他人	2	
		自主参与程度、主动性	2	
5	现场整理	劳动主动性、积极性	3	
		保持现场环境整齐、清洁、有序	5	

任务三
换热器壳程水压试验

学习目标

1. 能力目标
   ① 能正确选用试压工装和工具。
   ② 能进行填料函式换热器壳程水压试验。
2. 素质目标
   ① 通过规范学生的着装、工具使用、文明操作等，培养学生的安全意识。
   ② 通过信息收集、小组讨论、练习、考核等教学活动，培养学生追求卓越的工匠精神、主动探索的科学精神和团结协作的职业精神。
   ③ 通过实训场地的整理、整顿、清扫、清洁，培养学生的劳动精神。
3. 知识目标
   ① 掌握水压试验技术要求。
   ② 掌握压力容器水压试验操作技能。

任务描述

压力容器水压试验是从事化工设备使用与管理工作的基本技能，请完成填料函式换热器壳程水压试验。

一、容器水压试验技术要求

1. 水压试验用水

当用水作试验介质时，水质应是洁净的，而水中往往含有氯离子，因此 GB 150—2011 规定：奥氏体不锈钢制容器用水进行液压试验后应将水渍清除干净，以防止可能产生的应力腐蚀，当无法做到这一点时，应控制水的氯离子浓度不超过 25mg/L。

2. 对压力表的要求

① 要用两个量程相同的压力表，以便相互对照，压力表应事先经过校验合格。

② 由于压力表在初始升压及接近满刻度时的测量误差偏大，压力表表盘刻度极限值应当为工作压力的 1.5～3.0 倍。设计压力小于 1.6MPa 的压力容器使用的压力表精度不得低于 2.5 级，设计压力大于或者等于 1.6MPa 的压力容器使用的压力表精度不得低于 1.6 级（《固定式压力容器安全技术监察规程》TSG 21—2016）。

③ 因为设计压力均定义在容器的顶部，顶部的压力不受液柱高度及介质重度的影响，是一个确定值，而试验压力是根据设计压力确定的，因此，压力表应安装在试验容器的最高点，即容器立置试验时压力表装设在容器顶部，容器卧置试验时压力表装设在容器上部。

3. 压力试验操作要求

液压试验一般要经过注水排气、升压、保压、检查等工序。

注水排气的关键是一定要把气排光，若容器内尚有残存气体。由于气体的可压缩性，不仅升压时间加长，也增加了试验的危险性。排气孔设在容器的顶部（一般将压力表接口作为排气口），液体从容器底部注入，直至从排气孔溢出。排气孔接管不应采用内伸式，因为内伸以上部分的气体是无法排净的。

升压应缓慢。缓慢升压是为了给予容器充分变形的时间以免容器因压力骤然升高而遭到损害。

压力升至试验压力后，保压时间一般应不少于 30min，以便充分考核容器的强度与严密性，并充分暴露容器内隐患，保压过程中因压力较高，存在危险性，人不宜靠近检查，主要是观察压力表的指针是否回落。保压结束后，将压力降至试验压力的 80%，即在容器的设计压力左右对容器进行全面检查。

4. 压力试验过程中的检查

液压试验过程中主要是泄漏（渗漏）检查，重点部位为焊接接头及各种可拆式连接部位。为了检漏，试验容器应保持观察表面干燥，以便准确地发现泄漏或渗漏。

试压时如发现泄漏，应降压修补后再重新试验，严禁带压焊补或上紧紧固件，以免造成危险。如在试验过程中发现局部的异常变形，应立即降压停止试验。

试验过程中还应注意容器是否出现异常的响声。响声产生的原因一般有两种：一是容器的某些部位发生开裂；二是多层包扎、热套等组合式筒体结构，升压过程因变形而使层间

化工设备检维修

金属相互摩擦移位。后者不属于异常响声。

5. 压力试验的合格标准

《固定式压力容器安全技术监察规程》规定，压力试验时无渗透，无可见异常变形，试验过程中无异常响声，为压力试验合格。渗漏后，根据渗漏的部位可采用焊补、更换密封元件、上紧紧固件等方法进行修补。

升压过程中容器整体的均匀膨胀是正常的，不属异常变形。异常变形系指局部区域的明显凸鼓，其变形量远大于正常数值。

对单层卷焊、锻焊容器，若试压过程中出现异常响声，应立即降压。对组合式容器试压过程中发出的声响，可用声发射进行监测，以判断响声是否属于异常。

6. 水压试验压力

对于承受内压的容器，液压试验压力

$$p_T = 1.25 p \frac{[\sigma]}{[\sigma]^t}$$

式中　p_T——试验压力，MPa；

　　　p——设计压力，MPa；

　　　$[\sigma]$——容器元件材料在试验温度下的许用应力，MPa；

　　　$[\sigma]^t$——容器元件材料在设计温度下的许用应力，MPa。

二、填料函式换热器结构

填料函式换热器结构图如图 4-3-1 所示。

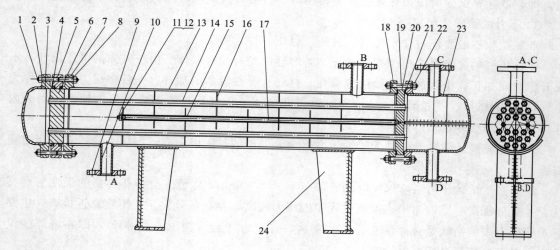

图 4-3-1　填料函式换热器结构

1,11,22—螺母；2—等长双头螺栓；3—封头；4—O 形圈；5—活动管板法兰；6—活动管板；7—法兰Ⅰ；
8,19—等长双头螺栓；9—接管法兰；10—接管；12,21—垫片；13—筒体；14—换热管；15—定距管；
16—折流板；17—拉杆；18—法兰Ⅱ；20—固定管板；23—管箱；24—支座

填料函式换热器是指管束一端管板与壳体固定，另一端管板与壳体间采用外置填料函密封的管壳式换热器。换热器右侧的管板是固定管板，左侧的管板为活动管板，通过橡胶 O 形密封圈实现换热器填料处密封，其优点是管束可以自由伸缩，不会产生温差应力；结构较浮头式换热器简单，制造方便；管束可从壳体内抽出，管内管间均能进行清洗。缺点是填料函耐压不高，一般小于4MPa；壳程介质可能通过填料函外漏。适用于管壳壁温差较大，或介质易结垢、需经常清理且压力不高的场合。

示范1　绘制壳程试压流程图

绘制壳程试压流程图，如图4-3-2所示。

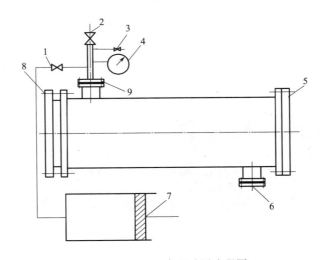

图4-3-2　壳程试压流程图

1—进水节流阀；2—安全阀；3—出水节流阀；4—压力表；5—活动管板法兰；
6—进排水工装；7—SYL手动试压泵；8—辅助试压法兰；9—排气工装

示范2　安装管束

安装固定管板一侧的橡胶密封垫，见图4-3-3(a)。将管束安装到壳体上，见图4-3-3(b)。在固定管板一侧，安装辅助试压法兰，使用扳手拧紧连接螺栓，见图4-3-3(c)。在活动管板一侧，安装O形密封圈，见图4-3-3(d)。安装活动管板法兰，使用扳手拧紧连接螺栓，见图4-3-3(e)。

示范3　安装排气工装

安装金属缠绕垫片，见图4-3-4(a)。安装排气工装，使用扳手拧紧连接螺栓，见图4-3-4

(a) 安装密封垫　　　　　　　　　　　　　　(b) 安装管束

(c) 安装辅助试压法兰　　　　(d) 安装O形密封圈　　　　(e) 安装活动管板法兰

图 4-3-3　组装壳程试压工装

(b)。安装低点压力表处的密封垫，安装低点压力表，使用扳手拧紧连接螺栓，见图 4-3-4(c)。安装高点压力表处的密封垫，安装高点压力表，使用扳手拧紧连接螺栓，见图 4-3-4(d)。排气工装的安全阀排气口要背向试压人员。

(a) 安装金属缠绕垫片　　(b) 安装排气工装　　(c) 安装低点压力表　　(d) 安装高点压力表

图 4-3-4　安装排气工装

示范 4　安装进排水工装

安装聚四氟乙烯垫片，见图 4-3-5(a)。安装进排水工装，使用扳手拧紧连接螺栓，见图 4-3-5(b)。

(a) 安装聚四氟乙烯垫片　　　　　　　(b) 安装进排水工装

图 4-3-5　安装进排水工装

示范 5　注水排气

把软管连接到进排水工装上，打开进水球阀，见图 4-3-6(a)。打开出水节流阀，进行注水，当连续的液体流出时，关闭出水节流阀，见图 4-3-6(b)。检查设备法兰连接处以及换热管与管板连接接头处有无泄漏情况。注水完成后，拆除进水软管。

(a) 打开进水球阀　　　　　　　　　(b) 打开出水节流阀排气

图 4-3-6　注水排气

示范 6　升压至设计压力

将手动试压泵的高压软管连接到排气工装的低点的进水节流阀上，见图 4-3-7(a)。关闭手动试压泵的泄压开关，见图 4-3-7(b)。打开排气工装上的进水节流阀，见图 4-3-7(c)。反复提压手动试压泵，缓慢加压到设计压力，见图 4-3-7(d)。关闭排气工装上的进水节流阀。使用扳手打开高点压力表连接螺纹，进行二次排气，见图 4-3-7(e)。检查设备焊缝连接处和法兰连接处以及换热管与管板连接接头处有无泄漏情况。

(a) 安装高压软管　　　　　　　　　(b) 关闭泄压开关

(c) 打开进水节流阀　　　　(d) 升压　　　　(e) 仪表二次排气

图 4-3-7　升压至设计压力

示范 7　试验压力下保压

打开排气工装上的进水节流阀，提压手动试压泵，继续加压，升压至试验压力，稳压30min。再次检查设备焊缝连接处和法兰连接处以及换热管与管板连接接头处有无泄漏情况，见图4-3-8。若有泄漏，打开排气工装的出水节流阀泄压，消除泄漏点后继续试压。严禁带压止漏。打开试压泵上的泄压开关，卸掉软管内压力。拆除手动试压泵。

图 4-3-8　保压检查

示范 8　降压

稳压30min后，缓慢打开排气工装上的出水节流阀降压至设计压力，继续保压30min，见图4-3-9。检查设备焊缝连接处和法兰连接处以及换热管与管板连接接头处有无泄漏情况。

示范 9　泄压

试压完毕，缓慢打开排气工装上的出水节流阀，降压至常压。把软管连接到进排水工装上，打开进水球阀，继续放水，直至把水放净，见图4-3-10。

图 4-3-9　打开高点出水节流阀降压

图 4-3-10　泄压排水

示范 10　填写壳程水压试验报告单

正确填写壳程压力检验报告单。

检查项目		□水压	□气压	□气密	
试压部位			设计压力/MPa		
试验压力/MPa			压力表量程/MPa		
试验介质			压力表精度等级		

试验曲线

泄漏部位	
异常变形部位	
异常响声	
试验结果	
试压日期:	试压人:

任务实施

活动 1　水压试验练习

1. 组织分工
学生 2~3 人为一组，按照任务要求分工，明确各自职责。

序号	人员	职责
1		
2		
3		

2. 选择正确的个人防护用品
找出水压试验作业中存在的危害因素，选择正确的个人防护用品。

序号	危害因素	个人防护用品
1		
2		
3		
...	...	...

3. 绘制壳程试压流程图

4. 列出压力试验需要的工装（配件）

类别	试压工装（配件）		
	名称	规格	数量
管件			
阀门			
紧固件			
垫片			
仪表			

5. 列出压力试验需要的工具和耗材

工具和耗材名称	规格	数量
...	...	...

6. 解决任务

按照任务分工，完成水压试验。

活动 2 现场清洁

① 物品、器具分类摆放整齐，无没用的物件。
② 清扫操作区域，保持工作场所干净、整洁。
③ 产生的废弃物品，统一回收到垃圾桶，不可随意丢弃。
④ 关闭水电气和门窗，最后离开教室的学生锁好门锁。

活动 3 撰写实训报告

回顾水压试验过程，每人写一份总结报告，内容包括学习心得、团队完成情况、个人参与情况、做得好的地方、尚需改进的地方等。

① 学生以小组为单位，按照任务要求，进行自查、互评与总结。

② 教师参照评分标准进行考核评价。

③ 师生总结评价，改进不足，将来在学习或工作中做得更好。

序号	考核项目	考核内容	配分/分	得分/分
1	技能训练	个人防护用品选择正确	10	
		试压流程图绘制正确、规范	10	
		工具和耗材齐备	10	
		水压试验操作规范	20	
		压力试验合格	5	
		实训报告全面、体会深刻	10	
2	求知态度	求真求是、主动探索	5	
		执着专注、追求卓越	5	
3	安全意识	着装和个人防护用品穿戴正确	5	
		爱护工器具、机械设备，文明操作	5	
		如发生人为的操作安全事故、设备人为损坏、伤人等情况，安全意识不得分		
4	团结协作	分工明确、团队合作能力	3	
		沟通交流恰当，文明礼貌、尊重他人	2	
		自主参与程度、主动性	2	
5	现场整理	劳动主动性、积极性	3	
		保持现场环境整齐、清洁、有序	5	

任务四
换热器管程水压试验

学习目标

1. 能力目标
　　① 能正确选用试压工装和工具。
　　② 能进行填料函式换热器管程水压试验。
2. 素质目标
　　① 通过规范学生的着装、工具使用、文明操作等，培养学生的安全意识。
　　② 通过信息收集、小组讨论、练习、考核等教学活动，培养学生追求卓越的工匠精神、主动探索的科学精神和团结协作的职业精神。
　　③ 通过实训场地的整理、整顿、清扫、清洁，培养学生的劳动精神。
3. 知识目标
　　① 掌握水压试验技术要求。
　　② 掌握压力容器水压试验操作技能。

任务描述

　　压力容器水压试验是从事化工设备使用与管理工作的基本技能，请完成填料函式换热器管程水压试验。

试压
示范

示范 1　绘制管程试压流程图

绘制管程试压流程图，如图 4-4-1 所示。

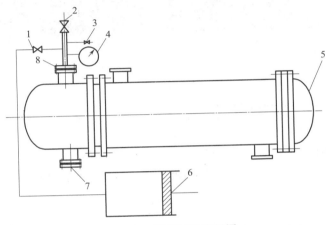

图 4-4-1　管程试压流程图

1—进水节流阀；2—安全阀；3—出水节流阀；4—压力表；5—封头；6—SYL 手动试压泵；

7—进排水工装；8—排气工装

示范 2　安装管箱

管程水压试验是在壳程水压试验后进行的。使用扳手拆卸辅助试压法兰，见图 4-4-2
（a）。安装 O 形密封垫，见图 4-4-2(b)。安装管箱，使用扳手拧紧连接螺栓，见图 4-4-2(c)。

(a) 拆卸辅助试压法兰

(b) 安装O密封垫

(c) 拧紧连接螺栓

图 4-4-2　安装管箱

示范 3　安装封头

在活动管板外侧安装 O 形密封圈，见图 4-4-3(a)。安装封头，使用扳手拧紧连接螺栓，见图 4-4-3(b)。

(a) 安装O形密封圈　　　　　　　　(b) 拧紧连接螺栓

图 4-4-3　安装封头

示范 4　安装排气工装

使用扳手拆除壳体上排气工装，见图 4-4-4(a)。在管箱高处管法兰接头上安装排气工装的金属缠绕垫片，见图 4-4-4(b)。在管箱高处管法兰接头上安装排气工装，使用扳手拧紧连接螺栓，见图 4-4-4(c)。

(a) 拆除壳体排气工装　　　　(b) 安装金属缠绕垫片　　　　(c) 安装管箱排气工装

图 4-4-4　安装排气工装

示范 5　安装进排水工装

使用扳手拆除壳体上进排气工装，见图 4-4-5(a)。在管箱低处管法兰接头上安装金属缠绕垫片和进排水工装，使用扳手拧紧连接螺栓，见图 4-4-5(b)。

示范 6　注水排气

把软管连接到进排水工装上，打开进水球阀，见图 4-4-6(a)。打开出水节流阀，进行注水，当连续的液体流出时，关闭出水节流阀，见图 4-4-6(b)。检查设备法兰连接处有无泄漏情况。注水完成后，拆除进水软管。

(a) 拆除壳体进排水工装　　(b) 安装管箱进排水工装

图 4-4-5　安装进排水工装

(a) 打开进水球阀　　(b) 关闭出水节流阀

图 4-4-6　注水排气

示范 7　升压至设计压力

　　将手动试压泵的高压软管连接到排气工装的低点进水节流阀上，见图 4-4-7(a)。关闭手动试压泵的泄压开关，见图 4-4-7(b)。打开排气工装上的进水节流阀，见图 4-4-7(c)。反复提压手动试压泵，缓慢加压到设计压力，见图 4-4-7(d)。关闭排气工装上的进水节流阀。使用扳手打开高点压力表连接螺纹，进行二次排气，见图 4-4-7(e)。检查设备焊缝连接处和法兰连接处有无泄漏情况。

(a) 安装高压软管　　　　　　　　(b) 关闭泄压开关

(c) 打开进水节流阀　　　　(d) 升压　　　　(e) 仪表二次排气

图 4-4-7　升压至设计压力

示范 8　试验压力下保压

打开排气工装上的进水节流阀，提压手动试压泵，继续加压，升压至试验压力，稳压30min。再次检查设备焊缝连接处和法兰连接处有无泄漏情况，见图4-4-8。若有泄漏，打开排气工装的出水节流阀泄压，消除泄漏点后继续试压。严禁带压止漏。打开试压泵上的泄压开关，卸掉软管内压力。拆除手动试压泵。

图 4-4-8　保压检查

示范 9　降压

稳压30min后，缓慢打开排气工装上的出水节流阀降压至设计压力，继续保压30min，见图4-4-9。检查设备焊缝连接处和法兰连接处有无泄漏情况。

示范 10　泄压

试压完毕，缓慢打开排气工装上的出水节流阀，降压至常压。把软管连接到进排水工装上，打开进水球阀，继续放水，直至把水放净，见图4-4-10。

图 4-4-9　打开高点出水节流阀降压　　　　　　　图 4-4-10　泄压排水

示范 11　拆除试压工装

使用扳手拆卸低点压力表，见图4-4-11（a）。使用扳手拆卸高点压力表，见图4-4-11（b）。使用扳手拆卸排气工装，见图4-4-11（c）。使用扳手拆卸进排水工装，见图4-4-11（d）。

示范 12　填写管程水压试验报告单

正确填写管程压力检验报告单。

(a) 拆卸低点压力表　　(b) 拆卸高点压力表　　(c) 拆卸排气工装　　(d) 拆卸进排水工装

图 4-4-11　拆除试压工装

检查项目		□水压	□气压	□气密	
试压部位			设计压力/MPa		
试验压力/MPa			压力表量程/MPa		
试验介质			压力表精度等级		

试验曲线

p/MPa

( )

( )

( ) ( ) t/min

泄漏部位	
异常变形部位	
异常响声	
试验结果	
试压日期：	试压人：

活动 1　水压试验练习

1. 组织分工

学生 2~3 人为一组，按照任务要求分工，明确各自职责。

序号	人员	职责
1		
2		
3		

2. 选择正确的个人防护用品

找出水压试验作业中存在的危害因素，选择正确的个人防护用品。

序号	危害因素	个人防护用品
1		
2		
3		
…	…	…

3. 绘制管程试压流程图
4. 列出压力试验需要的工装（配件）

类别	试压工装（配件）		
	名称	规格	数量
管件			
阀门			
紧固件			
垫片			
仪表			

5. 列出压力试验需要的工具和耗材

工具和耗材名称	规格	数量
…	…	…

6. 解决任务

按照任务分工，完成水压试验。

活动2　现场清洁

① 物品、器具分类摆放整齐，无没用的物件。
② 清扫操作区域，保持工作场所干净、整洁。
③ 产生的废弃物品，统一回收到垃圾桶，不可随意丢弃。
④ 关闭水电气和门窗，最后离开教室的学生锁好门锁。

活动 3　撰写实训报告

　　回顾水压试验过程，每人写一份总结报告，内容包括学习心得、团队完成情况、个人参与情况、做得好的地方、尚需改进的地方等。

① 学生以小组为单位，按照任务要求，进行自查、互评与总结。

② 教师参照评分标准进行考核评价。

③ 师生总结评价，改进不足，将来在学习或工作中做得更好。

序号	考核项目	考核内容	配分/分	得分/分
1	技能训练	个人防护用品选择正确	10	
		试压流程图绘制正确、规范	10	
		工具和耗材齐备	10	
		水压试验操作规范	20	
		压力试验合格	5	
		实训报告全面、体会深刻	10	
2	求知态度	求真求是、主动探索	5	
		执着专注、追求卓越	5	
3	安全意识	着装和个人防护用品穿戴正确	5	
		爱护工器具、机械设备，文明操作	5	
		如发生人为的操作安全事故、设备人为损坏、伤人等情况，安全意识不得分		
4	团结协作	分工明确、团队合作能力	3	
		沟通交流恰当，文明礼貌、尊重他人	2	
		自主参与程度、主动性	2	
5	现场整理	劳动主动性、积极性	3	
		保持现场环境整齐、清洁、有序	5	

模块五

泵轴测绘

任务一
泵轴尺寸测量

1. 能力目标
　　① 能测量泵轴各轴段的轴向和径向尺寸。
　　② 能查标准，确定泵轴零件图上的加工尺寸。
2. 素质目标
　　① 通过规范学生的着装、工具使用、文明操作等，培养学生的安全意识。
　　② 通过信息收集、小组讨论、练习、考核等教学活动，培养学生追求卓越的工匠精神、主动探索的科学精神和团结协作的职业精神。
　　③ 通过实训场地的整理、整顿、清扫、清洁，培养学生的劳动精神。
3. 知识目标
　　① 掌握泵轴轴向和径向尺寸的测量方法。
　　② 掌握泵轴尺寸公差的选用原则。

任务描述

　　某IS型单级单吸化工离心泵在拆解大检时，发现泵轴弯曲，为降低成本，公司决定配做离心泵泵轴。作为检修车间的技术人员，请测量泵轴，并确定零件图上的加工尺寸。泵轴结构图见图5-1-1。

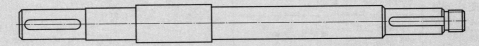

图5-1-1　泵轴结构图

必备知识

一、轴公差带

向心轴承和轴的配合，轴公差带按表 5-1-1 选择。

表 5-1-1　轴公差带

载荷情况		举例	深沟球轴承、调心球轴承和角接触球轴承	圆柱滚子轴承和圆锥滚子轴承	调心滚子轴承	公差带
圆柱孔轴承						
			轴承公称内径/mm			
内圈承受旋转载荷或方向不定载荷	轻载荷	输送机、轻载齿轮箱	≤18	—	—	h5
			>18~100	≤40	≤40	j6①
			>100~200	>40~140	>40~100	k6①
			—	>140~200	>100~200	m6①
	正常载荷	一般通用机械、电动机、泵、内燃机、正齿轮传动装置	≤18	—	—	j5　js5
			>18~100	≤40	≤40	k5②
			>100~140	>40~100	>40~65	m5②
			>140~200	>100~140	>65~100	m6
			>200~280	>140~200	>100~140	n6
			—	>200~400	>140~280	p6
			—	—	>280~500	r6
	重载荷	铁路机车车辆轴箱、牵引电机、破碎机等		>50~140	>50~100	n6③
				>140~200	>100~140	p6③
				>200	>140~200	r6③
				—	>200	r7③
内圈承受固定载荷	所有载荷	内圈需在轴向易移动	非旋转轴上的各种轮子	所有尺寸		f6　g6
		内圈不需在轴向易移动	张紧轮、绳轮			h6　j6
仅有轴向载荷			所有尺寸			j6、js6

续表

圆锥孔轴承			
所有载荷	铁路机车车辆轴箱	装在退卸套上	所有尺寸	h8(IT6)[④,⑤]
	一般机械传动	装在紧定套上	所有尺寸	h9(IT7)[④,⑤]

① 凡精度要求较高的场合，应用 j5、k5、m5 代替 j6、k6、m6。
② 圆锥滚子轴承、角接触球轴承配合对游隙影响不大，可用 k6、m6 代替 k5、m5。
③ 重载荷下轴承游隙应选大于 N 组。
④ 凡精度要求较高或转速要求较高的场合，应选用 h7(IT5) 代替 h8(IT6) 等。
⑤ IT6、IT7 表示圆柱度公差数值。

《离心泵维护检修规程》（SHS 01013—2014）规定：离心泵叶轮与轴配合都是采用 h7/js6，离心泵半联轴器与轴配合一般为 h7/js6，承受轴向和径向载荷的滚动轴承与轴配合为 h7/js6，仅承受径向载荷的滚动轴承与轴配合为 h7/k6，滚动轴承外圈与轴承箱内壁配合为 js7/h6。也可以根据生产实际选用合适的配合。0 级公差轴承（普通公差轴承）与轴配合的常用公差带见图 5-1-2。

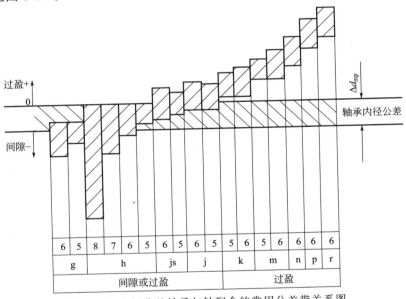

图 5-1-2　0 级公差轴承与轴配合的常用公差带关系图

二、基本偏差代号

在极限与配合制中，确定公差带相对零线位置的那个极限偏差，称为基本偏差。它可以是上极限偏差或下极限偏差，一般为靠近零线的那个偏差。

基本偏差代号用拉丁字母表示，大写字母表示孔的基本偏差，小写字母表示轴的基本偏差。孔和轴各有 28 个基本偏差代号，如图 5-1-3 所示。

三、标准公差值

标准公差数值不仅与公差等级有关，还与公称尺寸有关。标准公差数值见表 5-1-2。

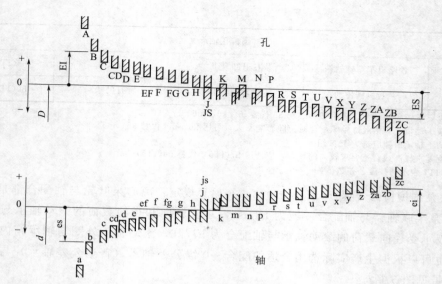

图 5-1-3　基本偏差系列图

表 5-1-2　标准公差数值表（摘自 GB/T 1800.1—2020）

公称尺寸/ mm		标准公差等级																			
		IT01	IT0	IT1	IT2	IT3	IT4	IT5	IT6	IT7	IT8	IT9	IT10	IT11	IT12	IT13	IT14	IT15	IT16	IT17	IT18
大于	至	标准公差数值																			
		μm												mm							
—	3	0.3	0.5	0.8	1.2	2	3	4	6	10	14	25	40	60	0.1	0.14	0.25	0.4	0.6	1	1.4
3	6	0.4	0.6	1	1.5	2.5	4	5	8	12	18	30	48	75	0.12	0.18	0.3	0.48	0.75	1.2	1.8
6	10	0.4	0.6	1	1.5	2.5	4	6	9	15	22	36	58	90	0.15	0.22	0.36	0.58	0.9	1.5	2.2
10	18	0.5	0.8	1.2	2	3	5	8	11	18	27	43	70	110	0.18	0.27	0.43	0.7	1.1	1.8	2.7
18	30	0.6	1	1.5	2.5	4	6	9	13	21	33	52	84	130	0.21	0.33	0.52	0.84	1.3	2.1	3.3
30	50	0.6	1	1.5	2.5	4	7	11	16	25	39	62	100	160	0.25	0.39	0.62	1	1.6	2.5	3.9
50	80	0.8	1.2	2	3	5	8	13	19	30	46	74	120	190	0.3	0.46	0.74	1.2	1.9	3	4.6
80	120	1	1.5	2.5	4	6	10	15	22	35 ·	54	87	140	220	0.35	0.54	0.87	1.4	2.2	3.5	5.4
120	180	1.2	2	3.5	5	8	12	18	25	40	63	100	160	250	0.4	0.63	1	1.6	2.5	4	6.3
180	250	2	3	4.5	7	10	14	20	29	46	72	115	185	290	0.46	0.72	1.15	1.85	2.9	4.6	7.2
250	315	2.5	4	6	8	12	16	23	32	52	81	130	210	320	0.52	0.81	1.3	2.1	3.2	5.2	8.1
315	400	3	5	7	9	13	18	25	36	57	89	140	230	360	0.57	0.89	1.4	2.3	3.6	5.7	8.9
400	500	4	6	8	10	15	20	27	40	63	97	155	250	400	0.63	0.97	1.55	2.5	4	6.3	9.7

四、轴的基本偏差值

在国标中，对孔、轴的基本偏差数值作了基本的规定，将用计算的方法得到的数值列为轴的基本偏差数值表，见表 5-1-3。轴 k～zc 的基本偏差数值见表 5-1-4。

表 5-1-3 轴的基本偏差数值表（摘自 GB/T 1800.1—2020）

公称尺寸/mm		基本偏差数值 上极限偏差,es											下极限偏差,ei		
		所有公差等级											IT5 和 IT6	IT7	IT8
大于	至	a①	b①	c	cd	d	e	ef	f	fg	g	h	js	j	
—	3	−270	−140	−60	−34	−20	−14	−10	−6	−4	−2	0	偏差=±ITn/2,式中,n是标准公差等级数	−2	−4	−6
3	6	−270	−140	−70	−46	−30	−20	−14	−10	−6	−4	0		−2	−4	
6	10	−280	−150	−80	−56	−40	−25	−18	−13	−8	−5	0		−2	−5	
10	14	−290	−150	−95	−70	−50	−32	−23	−16	−10	−6	0		−3	−6	
14	18															
18	24	−300	−160	−110	−85	−65	−40	−25	−20	−12	−7	0		−4	−8	
24	30															
30	40	−310	−170	−120	−100	−80	−50	−35	−25	−15	−9	0		−5	−10	
40	50	−320	−180	−130												
50	65	−340	−190	−140		−100	−60		−30		−10	0		−7	−12	
65	80	−360	−200	−150												
80	100	−380	−220	−170		−120	−72		−36		−12	0		−9	−15	
100	120	−410	−240	−180												
120	140	−460	−260	−200		−145	−85		−43		−14	0		−11	−18	
140	160	−520	−280	−210												
160	180	−580	−310	−230												
180	200	−660	−340	−240		−170	−100		−50		−15	0		−13	−21	
200	225	−740	−380	−260												
225	250	−820	−420	−280												
250	280	−920	−480	−300		−190	−110		−56		−17	0		−16	−26	
280	315	−1050	−540	−330												
315	355	−1200	−600	−360		−210	−125		−62		−18	0		−18	−28	
355	400	−1350	−680	−400												
400	450	−1500	−760	−440		−230	−135		−68		−20	0		−20	−32	
450	500	−1650	−840	−480												
500	560					−260	−145		−76		−22	0				
560	630															
630	710					−290	−160		−80		−24	0				
710	800															
800	900					−320	−170		−86		−26	0				
900	1000															
1000	1120					−350	−195		−98		−28	0				
1120	1250															
1250	1400					−390	−220		−110		−30	0				
1400	1600															
1600	1800					−430	−240		−120		−32	0				
1800	2000															
2000	2240					−480	−260		−130		−34	0				
2240	2500															
2500	2800					−520	−290		−145		−38	0				
2800	3150															

① 公称尺寸≤1mm 时，不使用基本偏差 a 和 b。

表 5-1-4 轴 k~zc 的基本偏差数值

公称尺寸/mm 大于	至	k (IT4至IT7)	k (≤IT3,>IT7)	m	n	p	r	s	t	u	v	x	y	z	za	zb	zc
—	3	0	0	+2	+4	+6	+10	+14		+18		+20		+26	+32	+40	+60
3	6	+1	0	+4	+8	+12	+15	+19		+23		+28		+35	+42	+50	+80
6	10	+1	0	+6	+10	+15	+19	+23		+28		+34		+42	+52	+67	+97
10	14	+1	0	+7	+12	+18	+23	+28		+33		+40		+50	+64	+90	+130
14	18	+1	0	+7	+12	+18	+23	+28		+33	+39	+45		+60	+77	+108	+150
18	24	+2	0	+8	+15	+22	+28	+35		+41	+47	+54	+63	+73	+98	+136	+188
24	30	+2	0	+8	+15	+22	+28	+35	+41	+48	+55	+64	+75	+88	+118	+160	+218
30	40	+2	0	+9	+17	+26	+34	+43	+48	+60	+68	+80	+94	+112	+148	+200	+274
40	50	+2	0	+9	+17	+26	+34	+43	+54	+70	+81	+97	+114	+136	+180	+242	+325
50	65	+2	0	+11	+20	+32	+41	+53	+66	+87	+102	+122	+144	+172	+226	+300	+405
65	80	+2	0	+11	+20	+32	+43	+59	+75	+102	+120	+146	+174	+210	+274	+360	+480
80	100	+3	0	+13	+23	+37	+51	+71	+91	+124	+146	+178	+214	+258	+335	+445	+585
100	120	+3	0	+13	+23	+37	+54	+79	+104	+144	+172	+210	+254	+310	+400	+525	+690
120	140	+3	0	+15	+27	+43	+63	+92	+122	+170	+202	+248	+300	+365	+470	+620	+800
140	160	+3	0	+15	+27	+43	+65	+100	+134	+190	+228	+280	+340	+415	+535	+700	+900
160	180	+3	0	+15	+27	+43	+68	+108	+146	+210	+252	+310	+380	+465	+600	+780	+1000
180	200	+4	0	+17	+31	+50	+77	+122	+166	+236	+284	+350	+425	+520	+670	+880	+1150
200	225	+4	0	+17	+31	+50	+80	+130	+180	+258	+310	+385	+470	+575	+740	+960	+1250
225	250	+4	0	+17	+31	+50	+84	+140	+196	+284	+340	+425	+520	+640	+820	+1050	+1350
250	280	+4	0	+20	+34	+56	+94	+158	+218	+315	+385	+475	+580	+710	+920	+1200	+1550
280	315	+4	0	+20	+34	+56	+98	+170	+240	+350	+425	+525	+650	+790	+1000	+1300	+1700
315	355	+4	0	+21	+37	+62	+108	+190	+268	+390	+475	+590	+730	+900	+1150	+1500	+1900
355	400	+4	0	+21	+37	+62	+114	+208	+294	+435	+530	+660	+820	+1000	+1300	+1650	+2100
400	450	+5	0	+23	+40	+68	+126	+232	+330	+490	+595	+740	+920	+1100	+1450	+1850	+2400
450	500	+5	0	+23	+40	+68	+132	+252	+360	+540	+660	+820	+1000	+1250	+1600	+2100	+2600
500	560	0	0	+26	+44	+78	+150	+280	+400	+600							
560	630	0	0	+26	+44	+78	+155	+310	+450	+660							
630	710	0	0	+30	+50	+88	+175	+340	+500	+740							
710	800	0	0	+30	+50	+88	+185	+380	+560	+840							
800	900	0	0	+34	+56	+100	+210	+430	+620	+940							
900	1000	0	0	+34	+56	+100	+220	+470	+680	+1050							
1000	1120	0	0	+40	+66	+120	+250	+520	+780	+1150							
1120	1250	0	0	+40	+66	+120	+260	+580	+840	+1300							
1250	1400	0	0	+48	+78	+140	+300	+640	+960	+1450							
1400	1600	0	0	+48	+78	+140	+330	+720	+1050	+1600							
1600	1800	0	0	+58	+92	+170	+370	+820	+1200	+1850							
1800	2000	0	0	+58	+92	+170	+400	+920	+1350	+2000							
2000	2240	0	0	+68	+110	+195	+440	+1000	+1500	+2300							
2240	2500	0	0	+68	+110	+195	+460	+1100	+1650	+2500							
2500	2800	0	0	+76	+135	+240	+550	+1250	+1900	+2900							
2800	3150	0	0	+76	+135	+240	+580	+1400	+2100	+3200							

五、另一极限偏差数值的确定

基本偏差决定了公差带中的一个极限偏差，即靠近零线的那个偏差，从而确定了公差带的位置，而另一个极限偏差的数值可由极限偏差和标准公差的关系式进行计算确定。

对于轴来说，上偏差−下偏差＝标准公差值，即 $es＝ei+IT$ 或 $ei＝es−IT$。

六、键槽尺寸

键槽尺寸主要有槽宽 b、深度 t 和长度 L，从键槽的外观形状即可判断与之配合的键的类型。根据测量出的 b、t、L 值，结合键槽所在轴段的公称直径，查阅表 5-1-5，确定键槽的标准值及标准键的类型。

表 5-1-5　平键和键槽的剖面尺寸（GB/T 1095—2003）、普通平键的型式尺寸（GB/T 1096—2003）

单位：mm

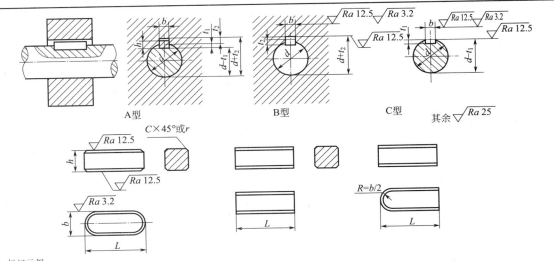

标记示例：
　　宽度 $b＝16mm$、高度 $h＝10mm$、长度 $L＝100mm$ 普通 A 型平键的标记为：GB/T 1096 键 16×10×100
　　宽度 $b＝16mm$、高度 $h＝10mm$、长度 $L＝100mm$ 普通 B 型平键的标记为：GB/T 1096 键 B 16×10×100
　　宽度 $b＝16mm$、高度 $h＝10mm$、长度 $L＝100mm$ 普通 C 型平键的标记为：GB/T 1096 键 C 16×10×100

轴	键		键槽										
			宽度 b					深度				半径 R	
				极限偏差				轴 t_1		毂 t_2			
公称直径 d	公称尺寸 $b×h$	长度 L	公称尺寸 b	松联结		正常联结		紧密联结	公称尺寸	极限偏差	公称尺寸	极限偏差	最小	最大
				轴 H9	毂 D10	轴 N9	毂 Js9	轴和毂 P9						
自 6~8	2×2	6~20	2	+0.025 0	+0.060 0.020	−0.004 −0.029	±0.0125	−0.006 −0.031	1.2	+0.10	1	+0.10	0.08	0.16
>8~10	3×3	6~36	3						1.8		1.4			
>10~12	4×4	8~45	4	+0.030 0	+0.078 +0.030	0 −0.030	±0.015	−0.012 −0.042	2.5		1.8			
>12~17	5×5	10~56	5						3.0		2.3			
>17~22	6×6	14~70	6						3.5		2.8			

续表

轴	键		键槽											
公称直径 d	公称尺寸 b×h	长度 L	宽度 b						深度				半径 R	
			公称尺寸 b	极限偏差					轴 t1		毂 t2			
				松联结		正常联结		紧密联结	公称尺寸	极限偏差	公称尺寸	极限偏差	最小	最大
				轴 H9	毂 D10	轴 N9	毂 Js9	轴和毂 P9						
>22~30	8×7	18~90	8	+0.036 / 0	+0.098 / +0.040	0 / -0.036	±0.018	-0.015 / -0.051	4.0		3.3		0.16	0.25
>30~38	10×8	22~110	10						5.0		3.3			
>38~44	12×8	28~140	12	+0.043 / 0	+0.120 / +0.050	0 / -0.043	±0.0215	-0.018 / -0.061	5.0		3.3			
>44~50	14×9	36~160	14						5.5		3.8		0.25	0.40
>50~58	16×10	45~180	16						6.0		4.3			
>58~65	18×11	50~200	18						7.0	+0.20	4.4	+0.20		
>65~75	20×12	56~220	20						7.5		4.9			
>75~85	22×14	63~250	22	+0.052 / 0	+0.149 / +0.065	0 / -0.052	±0.026	-0.022 / -0.074	9.0		5.4		0.40	0.60
>85~95	25×14	70~280	25						9.0		5.4			
>95~110	28×16	80~320	28						10.0		6.4			
>110~130	32×18	80~360	32						11.0		7.4			
>130~150	36×20	100~400	36	+0.062 / 0	+0.180 / +0.080	0 / -0.062	±0.031	-0.026 / -0.088	12.0		8.4		0.70	1.0
>150~170	40×22	100~400	40						13.0	+0.30	9.4	+0.30		
>170~200	45×25	110~450	45						15.0		10.4			

注：1. 在工作图中，轴槽深用 t_1 或 $(d-t_1)$ 标注，轮毂用 $(d+t_2)$ 标注。

2. L 系列：6，8，10，12，14，16，18，20，22，25，28，32，36，40，45，50，56，63，70，80，90，100，110，125，140，160，180，200，220，250，280，320，330，400，450。

七、螺纹尺寸

泵轴端面螺纹的大径可用游标卡尺测量，螺距可用螺纹牙型规测量。普通螺纹直径、螺距和基本尺寸见表 5-1-6。

表 5-1-6　普通螺纹直径、螺距和基本尺寸 （GB/T 193—2003，GB/T 196—2003）　　单位：mm

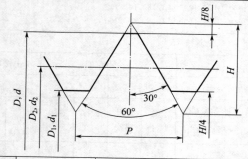

$$d_2 = d - 2H \times 3/8,\ D_2 = D - 2H \times 3/8$$
$$d_1 = d - 2H \times 5/8,\ D_1 = D - 2H \times 5/8$$
$$H = \frac{\sqrt{3}}{2}P$$

式中　d——外螺纹大径；　　D——内螺纹大径；
　　　d_2——外螺纹中径；　　D_2——内螺纹中径；
　　　d_1——外螺纹小径；　　D_1——内螺纹小径；
　　　P——螺距；　　　　　　H——原始三角形高度。

公称直径 D,d	螺距 P 粗牙	螺距 P 细牙	中径 D2,d2 粗牙	中径 D2,d2 细牙	小径 D1,d1 粗牙	小径 D1,d1 细牙	公称直径 D,d	螺距 P 粗牙	螺距 P 细牙	中径 D2,d2 粗牙	中径 D2,d2 细牙	小径 D1,d1 粗牙	小径 D1,d1 细牙
3	0.5	0.35	2.675	2.773	2.459	2.621			1		7.350		6.917
(3.5)	(0.6)	0.35	3.110	3.273	2.850	3.121	8	1.25	0.75	7.188	7.513	6.647	7.188
4	0.7	0.5	3.545	3.675	3.242	3.459			(0.5)		7.675		7.459

公称直径 D,d	螺距 P 粗牙	螺距 P 细牙	中径 D_2,d_2 粗牙	中径 D_2,d_2 细牙	小径 D_1,d_1 粗牙	小径 D_1,d_1 细牙
(4.5)	(0.75)	0.5	4.013	4.175	3.688	3.959
5	0.8	0.5	4.480	4.675	4.134	4.459
[5.5]		0.5		5.175		4.959
6	1	0.75	5.350	5.513	4.917	5.188
		(0.5)		5.675		4.459
[7]	1	0.75	6.350	6.513	5.917	6.188
		(0.5)		6.675		6.459
[11]	(1.5)	1	10.026	10.350	9.376	9.917
		(0.75)		10.513		10.188
		(0.5)		10.675		10.459
12	1.75	1.5	10.863	11.026	10.106	10.376
		1.25		11.188		10.647
		1		11.350		10.917
		(0.75)		11.513		11.188
		(0.5)		11.675		11.459
(14)	2	1.5	12.701	13.026	11.835	12.376
		1.25		13.188		12.647
		1		13.350		12.917
		(0.75)		13.513		13.188
		(0.5)		13.675		13.459
[15]		1.5		14.026		13.376
		(1)		15.350		13.917
16	2	1.5	14.701	15.026	13.835	14.376
		1		15.350		14.917
		(0.75)		15.513		15.188
		(0.5)		15.675		15.459
[17]		1.5		16.026		15.376
		(1)		16.350		15.917
(18)	2.5	2	16.376	16.701	15.294	15.835
		1.5		17.026		16.376
		1		17.350		16.917
		(0.75)		17.513		17.188
		(0.5)		17.675		19.459
[9]	(1.25)	1	8.188	8.350	7.647	7.917
		0.75		8.513		8.188
		0.5		8.675		8.459
10	1.5	1.25	9.026	9.188	8.376	8.647
		1		9.350		8.917
		0.75		9.513		9.188
		(0.5)		9.675		9.459
20	2.5	2	18.376	18.701	17.294	17.835
		1.5		19.026		18.376
		1		19.350		18.917
		(0.75)		19.513		19.188
		(0.5)		19.675		19.459
(22)	2.5	2	20.376	20.701	19.294	19.835
		1.5		21.026		20.376
		1		21.350		20.917
		(0.75)		21.513		21.188
		(0.5)		21.675		21.459
24	3	2	22.051	22.701	20.752	21.835
		1.5		21.026		22.376
		1		21.350		22.917
		(0.75)		21.675		23.188
[25]		2		23.701		22.835
		1.5		24.026		23.376
		1		24.350		23.917
[26]		1.5		25.026		24.376
(27)	3	2	25.031	25.701	23.752	24.835
		1.5		26.026		25.376
		1		26.350		25.917
		(0.75)		25.513		26.188
[28]		2		26.701		25.835
		1.5		27.026		26.376
		1		27.350		26.917

化工设备检维修

螺纹牙型规一般用于确定螺纹的牙型、牙距，如图 5-1-4 所示。一组牙型规包括常用的牙型。牙规与牙型吻合就可以确认未知螺纹的牙型、牙距。

图 5-1-4　牙型规

八、倒角

一般机械切削加工零件的倒圆、倒角尺寸见表 5-1-7。有特殊要求的倒圆、倒角除外。

表 5-1-7　倒圆、倒角尺寸系列值　　　　　　　　　单位：mm

R	0.1	0.2	0.3	0.4	0.5	0.6	0.8	1.0	1.2	1.6	2.0	2.5	3.0
C	4.0	5.0	6.0	8.0	10	12	16	20	25	32	40	50	—

九、砂轮越程槽

一般泵轴的砂轮越程槽的结构见图 5-1-5，尺寸见表 5-1-8。

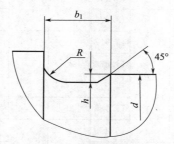

图 5-1-5　磨外圆的砂轮越程槽

表 5-1-8　回转面及端面砂轮越程槽的尺寸　　　　　　　　单位：mm

b_1	0.6	1.0	1.6	2.0	3.0	4.0	5.0	8.0	10
h	0.1		0.2		0.3		0.4	0.6	0.8	1.2
R	0.2		0.5		0.8		1.0	1.6	2.0	3.0
d	约 10			10~50		50~100		100	

注：1. 越程槽内与直线相交处，不允许产生尖角。
2. 越程槽深度 h 与圆弧半径 R，要满足 $R \leqslant 3h$。

十、测绘注意事项

① 测量时要正确选择测量基准，尽量避免尺寸换算。长度尺寸链的尺寸测量，要考虑装配关系，尽量避免分段测量，尽量从基准面进行测量，分段测量的尺寸只能作为核对尺寸的参考。

② 重要表面的公称尺寸、尺寸公差、几何公差和表面粗糙度，以及零件上一些标准结构的形状和尺寸，应查阅国家标准资料，按标准取值，如倒角、键槽、螺纹退刀槽、砂轮越程槽、顶角孔、铸造圆角等。

③ 测量磨损零件时，要正确选择测量部位，尽可能选择未磨损或磨损较少的部位。

④ 测量螺纹或丝杠时，要注意其螺纹线数、螺纹方向、螺纹形状和螺距。

⑤ 细长轴应当放置妥当，防止测绘时变形。

活动 1　危害辨识

泵轴尺寸测量作业前，应进行安全分析，找出潜在的危害因素并制定控制措施，预防事故的发生。泵轴尺寸测量常见危害因素及控制措施见表 5-1-9。

表 5-1-9　泵轴尺寸测量常见危害因素及控制措施

危害因素	控制措施
搬放零件时，手部被挤压	佩戴手套，零件放置牢固后，撤去手部
泵轴掉落，砸伤足部	穿安全鞋，泵轴摆放在牢靠位置或在地面上拆解
抛掷零件或工量具，零件飞溅撞伤或量具、设备损坏	禁止抛掷
现场地面存在液体滑倒摔伤	穿防滑鞋，及时清理液体

想一想

找出泵轴尺寸测量作业中存在的危害因素，选择正确的个人防护用品。

序号	危害因素	个人防护用品
1		
2		
3		
...	...	...

活动 2 测量步骤

步骤一：准备钢直尺、游标卡尺、螺旋测微器、螺纹牙型规等量具，检查其完整性，学习使用方法。

步骤二：轴段编号。把单级单吸 IS 离心泵泵轴从左向右依次编号为 1、2、3、4、5、6段，如图 5-1-6 所示。

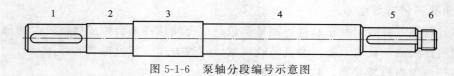

图 5-1-6 泵轴分段编号示意图

步骤三：使用游标卡尺和钢直尺测量各轴段的轴向尺寸，精确到 0.02mm，总长度可精确到 0.5mm。测量的轴向尺寸圆整后，作为零件的加工尺寸，标注在泵轴零件图上。

轴段	轴向尺寸/mm			
	测量数据 1	测量数据 2	测量数据 3	加工尺寸
1				
2				
3				
4				
5				
6				
总长度				

步骤四：使用螺旋测微器测量轴段 1～轴段 5 的径向尺寸，精确到 0.01mm。使用游标卡尺测量轴段 6 的径向尺寸，精确到 0.02mm。使用螺纹牙型规测出轴段 6 的螺距。

先根据生产实际选择合适的泵轴公差带，然后根据测量的径向尺寸，查标准得到标准公差值和轴的基本偏差值（上偏差或下偏差），最后通过计算确定另一极限偏差值，即可得到轴径的尺寸公差，作为零件的加工尺寸，标注在泵轴零件图上。轴段 6 不需要标注尺寸公差，但细牙时，需要标注螺距。

轴段	径向尺寸/mm					
	测量数据 1	测量数据 2	测量数据 3	轴公差带	基本偏差值	加工尺寸
1						
2						
3						
4						
5						
6						

步骤五：使用游标卡尺测量键槽的槽宽 b 和长度 L。先根据生产实际，确定键槽和键的配合类型，然后根据槽宽 b，查标准，确定键宽的尺寸公差和键槽深度 t_1。

键槽	槽宽 b	长度 L	配合类型	键宽 b 尺寸公差	键槽深度 t_1
1					
2					

步骤六：使用游标卡尺和钢直尺测量泵轴的各处倒角和砂轮越程槽的尺寸，查标准，按标准值确定。

步骤七：对测量结果和计算的加工尺寸进行自检校对。确认无误后，上交。

步骤八：整理现场，完成实验报告。

活动 3　泵轴尺寸测量练习

1. 组织分工

学生 2～3 人为一组，按照任务要求分工，明确各自职责。

序号	人员	职责
1		
2		
3		

2. 解决任务

按照分工，完成泵轴尺寸测量和零件图上加工尺寸的确定。

活动 4　现场清洁

① 物品、器具分类摆放整齐，无没用的物件。

② 清扫操作区域，保持工作场所干净、整洁。

③ 产生的废弃物品，统一回收到垃圾桶，不可随意丢弃。

④ 关闭水电气和门窗，最后离开教室的学生锁好门锁。

活动 5　撰写实训报告

回顾泵轴尺寸测量过程，每人写一份总结报告，内容包括心得体会、团队完成情况、个人参与情况、做得好的地方、尚需改进的地方等。

考核
评价

① 学生以小组为单位，按照任务要求，进行自查、互评与总结。

② 教师参照评分标准进行考核评价。

③ 师生总结评价，改进不足，将来在学习或工作中做得更好。

序号	考核项目	考核内容	配分/分	得分/分
1	技能训练	测量工具选用正确	10	
		测量数据准确	15	
		加工尺寸选取合理	20	
		测量数据表记录整洁、规范	10	
		实训报告全面、体会深刻	10	
2	求知态度	求真求是、主动探索	5	
		执着专注、追求卓越	5	
3	安全意识	着装和个人防护用品穿戴正确	5	
		爱护工器具、机械设备，文明操作	5	
		如发生人为的操作安全事故、设备人为损坏、伤人等情况，安全意识不得分		
4	团结协作	分工明确、团队合作能力	3	
		沟通交流恰当，文明礼貌、尊重他人	2	
		自主参与程度、主动性	2	
5	现场整理	劳动主动性、积极性	3	
		保持现场环境整齐、清洁、有序	5	

任务二
泵轴零件图绘制

学习目标

1. 能力目标
    ① 能绘制泵轴工程视图。
    ② 能选取几何公差和表面粗糙度参数值，并能正确标注。

2. 素质目标
    ① 通过规范学生的着装、工具使用、文明操作等，培养学生的安全意识。
    ② 通过信息收集、小组讨论、练习、考核等教学活动，培养学生追求卓越的工匠精神、主动探索的科学精神和团结协作的职业精神。
    ③ 通过实训场地的整理、整顿、清扫、清洁，培养学生的劳动精神。

3. 知识目标
    ① 掌握泵轴工程视图的绘制方法。
    ② 掌握几何公差、表面粗糙度等公差与配合知识。

任务描述

    某IS型单级单吸化工离心泵在拆解大检时，发现泵轴弯曲，为降低成本，公司决定配做离心泵泵轴。目前，已完成泵轴尺寸的测量，请绘制泵轴工程图。

必备知识

一、几何公差的特征项目及符号

为限制零件的几何误差，提高机械设备的工作精度和使用寿命。保证互换性生产，我国已制定了相应的国家标准。标准中规定了几何公差的类型、特征项目与符号，如表 5-2-1 所示。

表 5-2-1　几何公差的类型、特征项目及符号

公差类型	特征项目	符号	有无基准
形状公差 （6 个）	直线度	⏤	无
	平面度	⏥	无
	圆度	○	无
	圆柱度	⌭	无
	线轮廓度	⌒	无
	面轮廓度	⌓	无
方向公差 （5 个）	平行度	∥	有
	垂直度	⊥	有
	倾斜度	∠	有
	线轮廓度	⌒	有
	面轮廓度	⌓	有
位置公差 （6 个）	位置度	⌖	有或无
	同心度（用于中心点）	◎	有
	同轴度（用于轴线）	◎	有
	对称度	⌯	有
	线轮廓度	⌒	有
	面轮廓度	⌓	有
跳动公差 （2 个）	圆跳动	↗	有
	全跳动	⌰	有

二、几何公差的公差值

轴类零件通常是用两个轴颈支承在轴承上，这两个支承轴颈是轴的装配基准。

轴类零件主要表面有圆度、圆柱度、同轴度、垂直度要求，对支承轴颈的形状公差一般应有圆度、圆柱度要求，其公差值应限制在直径公差范围内，根据轴承的精度选择，一般为 IT6～IT7 级。而对于配合轴颈（装配传动件的轴颈），相对于支承轴颈应有同轴度要求，为

方便测量，常用径向圆跳动来表示，一般选 IT7 级。普通精度轴的配合轴颈对支承轴颈的径向圆跳动一般为 0.01～0.03mm，高精度轴为 0.001～0.005mm。有些轴在装配时还要以轴向端面定位，因此有轴向定位端面与轴心线的垂直度要求。对轴上的键槽等结构应标注对称度。

对几何公差有较高要求的零件，均应在图样上按规定的标注方法注出公差值，几何公差值的大小由几何公差等级并依据主参数的大小确定。因此，确定几何公差值实际上就是确定几何公差等级。

1. 直线度、平面度公差值

直线度、平面度公差值如表 5-2-2 所示，主参数的选择如图 5-2-1 所示。

表 5-2-2　直线度、平面度公差值（摘自 GB/T 1184—1996）

主参数 L/mm	公差等级											
	1	2	3	4	5	6	7	8	9	10	11	12
	公差值/μm											
≤10	0.2	0.4	0.8	1.2	2	3	5	8	12	20	30	60
>10～16	0.25	0.5	1	1.5	2.5	4	6	10	15	25	40	80
>16～25	0.3	0.6	1.2	2	3	5	8	12	20	30	50	100
>25～40	0.4	0.8	1.5	2.5	4	6	10	15	25	40	60	120
>40～63	0.5	1	2	3	5	8	12	20	30	50	80	150
>63～100	0.6	1.2	2.5	4	6	10	15	25	40	60	100	200
>100～160	0.8	1.5	3	5	8	12	20	30	50	80	120	250
>160～250	1	2	4	6	10	15	25	40	60	100	150	300
>250～400	1.2	2.5	5	8	12	20	30	50	80	120	200	400
>400～630	1.5	3	6	10	15	25	40	60	100	150	250	500
>630～1000	2	4	8	12	20	30	50	80	120	200	300	600
>1000～1600	2.5	5	10	15	25	40	60	100	150	250	400	800
>1600～2500	3	6	12	20	30	50	80	120	200	300	500	1000
>2500～4000	4	8	15	25	40	60	100	150	250	400	600	1200
>4000～6300	5	10	20	30	50	80	120	200	300	500	800	1500
>6300～10000	6	12	25	40	60	100	150	250	400	600	1000	2000

注：L 为被测要素的长度。

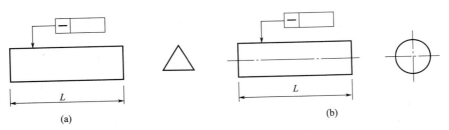

(a)　　　　(b)

图 5-2-1

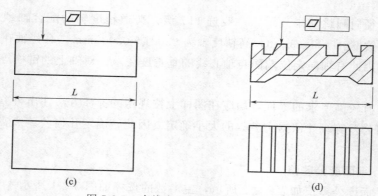

图 5-2-1 直线度、平面度主参数的选择

2. 圆度、圆柱度公差值

圆度、圆柱度公差值如表 5-2-3 所示，主参数的选择如图 5-2-2 所示。

表 5-2-3 圆度、圆柱度公差值（摘自 GB/T 1184—1996）

主参数 $d(D)$/mm	公差等级												
	0	1	2	3	4	5	6	7	8	9	10	11	12
	公差值/μm												
≤3	0.1	0.2	0.3	0.5	0.8	1.2	2	3	4	6	10	14	25
>3～6	0.1	0.2	0.4	0.6	1	1.5	2.5	4	5	8	12	18	30
>6～10	0.12	0.25	0.4	0.6	1	1.5	2.5	4	6	9	15	22	36
>10～18	0.15	0.25	0.5	0.8	1.2	2	3	5	8	11	18	27	43
>18～30	0.2	0.3	0.6	1	1.5	2.5	4	6	9	13	21	33	52
>30～50	0.25	0.4	0.6	1	1.5	2.5	4	7	11	16	25	39	62
>50～80	0.3	0.5	0.8	1.2	2	3	5	8	13	19	30	46	74
>80～120	0.4	0.6	1	1.5	2.5	4	6	10	15	22	35	54	87
>120～180	0.6	1	1.2	2	3.5	5	8	12	18	25	40	63	100
>180～250	0.8	1.2	2	3	4.5	7	10	14	20	29	46	72	115
>250～315	1.0	1.6	2.5	4	6	8	12	16	23	32	52	81	130
>315～400	1.2	2	3	5	7	9	13	18	25	36	57	89	140
>400～500	1.5	2.5	4	6	8	10	15	20	27	40	63	97	155

注：$d(D)$ 为被测要素的直径。

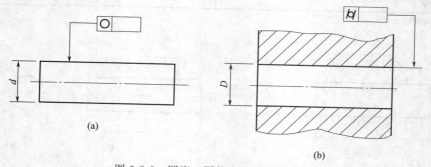

图 5-2-2 圆度、圆柱度主参数的选择

3. 平行度、垂直度、倾斜度公差值

平行度、垂直度、倾斜度公差值如表 5-2-4 所示，主参数的选择如图 5-2-3 所示。

表 5-2-4　平行度、垂直度、倾斜度公差值（摘自 GB/T 1184—1996）

主参数 $L,d(D)$/mm	公差等级											
	1	2	3	4	5	6	7	8	9	10	11	12
	公差值/μm											
≤10	0.4	0.8	1.5	3	5	8	12	20	30	50	80	120
>10～16	0.5	1	2	4	6	10	15	25	40	60	100	150
>16～25	0.6	1.2	2.5	5	8	12	20	30	50	80	120	200
>25～40	0.8	1.5	3	6	10	15	25	40	60	100	150	250
>40～63	1	2	4	8	12	20	30	50	80	120	200	300
>63～100	1.2	2.5	5	10	15	25	40	60	100	150	250	400
>100～160	1.5	3	6	12	20	30	50	80	120	200	300	500
>160～250	2	4	8	15	25	40	60	100	150	250	400	600
>250～400	2.5	5	10	20	30	50	80	120	200	300	500	800
>400～630	3	6	12	25	40	60	100	150	250	400	600	1000
>630～1000	4	8	15	30	50	80	120	200	300	500	800	1200
>1000～1600	5	10	20	40	60	100	150	250	400	600	1000	1500
>1600～2500	6	12	25	50	80	120	200	300	500	800	1200	2000
>2500～4000	8	15	30	60	100	150	250	400	600	1000	1500	2500
>4000～6300	10	20	40	80	120	200	300	500	800	1200	2000	3000
>6300～10000	12	25	50	100	150	250	400	600	1000	1500	2500	4000

注：L 和 $d(D)$ 为被测要素的长度和直径。

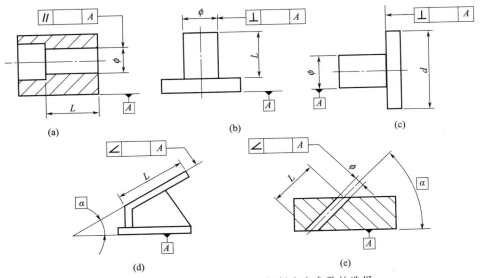

图 5-2-3　平行度、垂直度、倾斜度主参数的选择

4. 同轴度、对称度、圆跳动、全跳动公差值

同轴度、对称度、圆跳动、全跳动公差值如表 5-2-5 所示，主参数的选择如图 5-2-4 所示。

表 5-2-5　同轴度、对称度、圆跳动、全跳动公差值（摘自 GB/T 1184—1996）

主参数 $d(D)$,B,L/mm	公差等级											
	1	2	3	4	5	6	7	8	9	10	11	12
	公差值/μm											
≤1	0.4	0.6	1.0	1.5	2.5	4	6	10	15	25	40	60
>1～3	0.4	0.6	1.0	1.5	2.5	4	6	10	20	40	60	120
>3～6	0.5	0.8	1.2	2	3	5	8	12	25	50	80	150
>6～10	0.6	1	1.5	2.5	4	6	10	15	30	60	100	200
>10～18	0.8	1.2	2	3	5	8	12	20	40	80	120	250
>18～30	1	1.5	2.5	4	6	10	15	25	50	100	150	300
>30～50	1.2	2	3	5	8	12	20	30	60	120	200	400
>50～120	1.5	2.5	4	6	10	15	25	40	80	150	250	500
>120～250	2	3	5	8	12	20	30	50	100	200	300	600
>250～500	2.5	4	6	10	15	25	40	60	120	250	400	800
>500～800	3	5	8	12	20	30	50	80	150	300	500	1000
>800～1250	4	6	10	15	25	40	60	100	200	400	600	1200
>1250～2000	5	8	12	20	30	50	80	120	250	500	800	1500
>2000～3150	6	10	15	25	40	60	100	150	300	600	1000	2000
>3150～5000	8	12	20	30	50	80	120	200	400	800	1200	2500
>5000～8000	10	15	25	40	60	100	150	250	500	1000	1500	3000
>8000～10000	12	20	30	50	80	120	200	300	600	1200	2000	4000

注：$d(D)$、B、L 为被测要素的直径、宽度、长度。

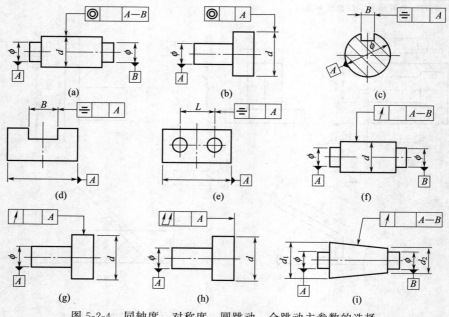

图 5-2-4　同轴度、对称度、圆跳动、全跳动主参数的选择

5. 与滚动轴承配合的轴颈几何公差要求

与滚动轴承配合的轴颈的圆柱度公差见图 5-2-5，轴和轴承座孔的几何公差见表 5-2-6。

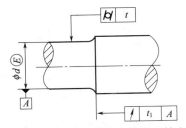

图 5-2-5　轴颈的圆柱度公差和轴肩的轴向圆跳动

表 5-2-6　轴和轴承座孔的几何公差（摘自 GB/T 275—2015 滚动轴承配合）

公称尺寸 /mm		圆柱度 $t/\mu m$				轴向圆跳动 $t_1/\mu m$			
		轴颈		轴承座孔		轴肩		轴承座孔肩	
		轴承公差等级							
>	≤	0	6(6X)	0	6(6X)	0	6(6X)	0	6(6X)
—	6	2.5	1.5	4	2.5	5	3	8	5
6	10	2.5	1.5	4	2.5	6	4	10	6
10	18	3	2	5	3	8	5	12	8
18	30	4	2.5	6	4	10	6	15	10
30	50	4	2.5	7	4	12	8	20	12
50	80	5	3	8	5	15	10	25	15
80	120	6	4	10	6	15	10	25	15
120	180	8	5	12	8	20	12	30	20
180	250	10	7	14	10	20	12	30	20
250	315	12	8	16	12	25	15	40	25
315	400	13	9	18	13	25	15	40	25
400	500	15	10	20	15	25	15	40	25
500	630	—	—	22	16	—	—	50	30
630	800	—	—	25	18	—	—	50	30
800	1000	—	—	28	20	—	—	60	40
1000	1250	—	—	33	24	—	—	60	40

三、几何公差的标注

在技术图样中，几何公差一般应采用代号标注。几何公差代号用矩形框格表示，并用带箭头的指引线指向被测要素。几何公差框格应水平绘制，由两格或多格组成。几何公差框格分为形状公差框格（两格）和方向、位置、跳动公差框格（三格、四格、五格）两种，如图 5-2-6 所示。

1. 公差框格的格式

公差框格的格式分为无基准格式、单一基准格式、公共基准格式、多基准格式（第三格

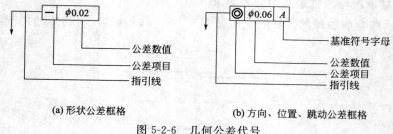

(a) 形状公差框格　　　　(b) 方向、位置、跳动公差框格

图 5-2-6　几何公差代号

填写的为第一基准，第四格填写的为第二基准，第五格填写的为第三基准），如图 5-2-7 所示。

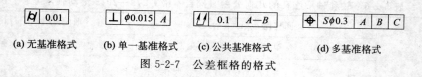

(a) 无基准格式　(b) 单一基准格式　(c) 公共基准格式　(d) 多基准格式

图 5-2-7　公差框格的格式

2. 几何公差框格的填写内容

第一格：填写几何公差特征项目符号。

第二格：填写公差数值和有关符号。如果公差带为圆形、圆柱形，公差数值前应加注直径符号"ϕ"，如图 5-2-7(b) 所示。

第三、四、五格：填写基准的字母和有关符号。

3. 被测要素的标注方法

① 标注时指引线一般可由公差框格的任意一侧引出（原则上由公差框格的左端或右端的中间位置引出），指引线前端的箭头应指向被测要素，指引线箭头所指的方向是公差带宽度方向或直径方向。

② 被测要素为组成要素时，指引线的箭头应指在该要素的轮廓线或其延长线上，并应与尺寸线明显错开，如图 5-2-8 所示。

③ 被测要素为导出要素时，指引线的箭头应与该要素的尺寸线对齐，被测要素的标注方法如图 5-2-9 所示。

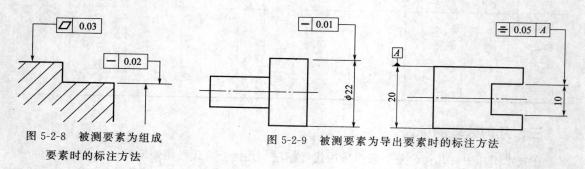

图 5-2-8　被测要素为组成要素时的标注方法　　图 5-2-9　被测要素为导出要素时的标注方法

四、表面粗糙度符号与代号

GB/T 131—2006 规定了表面粗糙度的完整图形符号，见表 5-2-7。

表 5-2-7　表面粗糙度的完整图形符号及其意义

完整图形符号	意　义
（符号）	在基本图形符号的长边端部上加一短横，表示指定表面允许用任何工艺方法获得
（符号）	在基本图形符号的短边端部和长边端部上分别加一短横，表示指定表面是用去除材料的方法获得的，如车、铣、刨、钻、镗、磨、抛光、电火花加工、气割等
（符号）	在基本图形符号的短边与长边内加一圆圈，并在长边端部上加一短横，表示指定表面不用去除材料的方法获得，如铸、锻、冲压、热轧、冷轧、粉末冶金等

　　在标注位置注写技术要求的完整图形符号称为表面粗糙度代号，如图 5-2-10 所示。为了明确表面结构的要求，除标注表面结构参数及数值外，必要时应标注补充要求，包括取样长度、加工工艺、表面纹理方向及加工余量等。表面粗糙度代号及意义如下。

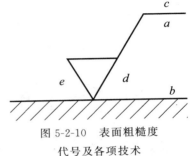

图 5-2-10　表面粗糙度
代号及各项技术

　　（1）位置 a　标注幅度参数符号（Ra 或 Rz）及极限值（单位为 μm）和有关技术要求。

　　（2）位置 b　标注附加评定参数的符号及相关数值（如 RS_m，单位为 mm）。

　　（3）位置 c　标注加工方法、表面处理、涂层或其他工艺要求（如车、铣、磨、涂镀等）。

　　（4）位置 d　标注表面加工纹理。表面加工纹理符号及标注如表 5-2-7 所示。

　　（5）位置 e　标注加工余量（单位为 mm）。

五、表面粗糙度的参数值

　　一般情况下，轴类零件支承轴颈的表面粗糙度 Ra 为 $0.4\sim3.2\mu m$，配合轴颈的表面粗糙度 Ra 为 $0.6\sim0.8\mu m$。非配合加工表面粗糙度 Ra 为 $6.3\sim12.5\mu m$。

　　轴颈和轴承座孔配合表面及端面的表面粗糙度见表 5-2-8。

表 5-2-8　轴颈和轴承座孔配合表面及端面的表面粗糙度（摘自 GB/T 275—2015）

轴或轴承座孔直径/mm		轴或轴承座孔配合表面直径公差等级					
		IT7		IT6		IT5	
		表面粗糙度 $R_a/\mu m$					
＞	≤	磨	车	磨	车	磨	车
—	80	1.6	3.2	0.8	1.6	0.4	0.8
80	500	1.6	3.2	1.6	3.2	0.8	1.6
500	1250	3.2	6.3	1.6	3.2	1.6	3.2
端面		3.2	6.3	6.3	6.3	6.3	3.2

六、表面粗糙度代号的标注

　　① 表面粗糙度代号对零件的任何一个表面一般只标注一次，应尽可能标注在相应的尺寸及其极限偏差的同一视图。表面粗糙度代号上的符号和数字的注写和读取方向应与尺寸的注写和读取方向一致，符号的尖端必须从材料外指向并接触零件表面，如图 5-2-11（a）所示。

　　② 表面粗糙度代号可标注在轮廓线或其延长线、尺寸界线上，如图 5-2-11（a）、（b）所示；也可用带箭头或黑点的指引线引出标注，如图 5-2-11（a）、（c）所示。

③ 在不引起误解的情况下，表面粗糙度代号可标注在给定的尺寸线上，如图 5-2-11(d) 所示。

④ 表面粗糙度代号可标注在几何公差框格的上方，如图 5-2-11(e)、(f) 所示。

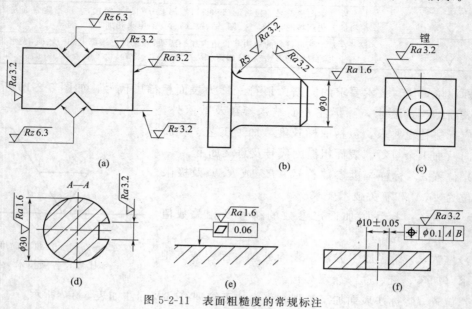

图 5-2-11　表面粗糙度的常规标注

七、轴类材质

轴类零件常用的材料有如下几种：碳素结构钢，如 Q235A、Q275 等；优质碳素结构钢，如 20 钢、35 钢、45 钢、50 钢等，其中以 45 钢应用最为广泛；合金结构钢，如 20Cr、20CrMnTi、40Cr、40MnB 等；球墨铸铁，如 QT600-3、QT800-2 等。

轴类零件工作时承受弯曲应力、扭转应力或交变应力作用，轴颈处还承受较大的摩擦力，因此，在确定轴的材料时应特别注意其工作条件。对高转速、受较大载荷、精度高的曲轴、汽油机传动轴等零件常用 20Cr、20CrMnTi、40Cr、40MnB 等合金结构钢或38CrMoAlA 高级优质合金结构钢；对中等载荷、中等精度要求的机床主轴、减速器轴等零件常用 35 钢、45 钢、50 钢、40Cr 等结构钢；对受力不大、低转速的螺栓、拉杆、销轴等零件常用 Q235A、Q255、Q275 等普通碳素钢；球墨铸铁、高强度铸铁由于铸造性能好，又具有减振性能，可作为制造汽车、拖拉机、机床上的轴类零件的材料。

活动 1　绘图步骤

步骤一：分析泵轴。测绘前首先要了解泵轴在离心泵中的用途、结构，各部位的功用及与其他零件的关系等。离心泵零部件间的装配关系见图 5-2-12。泵轴分段编号示意图见图 5-1-6。

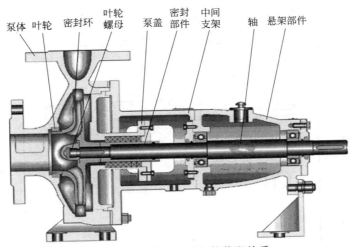

图 5-2-12　离心泵零部件装配关系

　　如图 5-1-6 所示，轴段 1 上设置有键槽，通过传动键与半联轴器配合，获得电动机传递过来的扭矩和动力。轴段 2 和轴段 4 靠近轴肩一侧，安装有滚动轴承。轴段 3 位于轴承座内，是装配精度要求不太高的轴段。轴段 5 开设有键槽，通过传动键带动叶轮旋转，为液体提供能量。轴段 6 开设有外螺纹，安装有锁紧螺母，轴向定位叶轮。叶轮轴肩处都设置有倒角。轴段 6 与轴段 5 开设有砂轮越程槽。
　　步骤二：确定泵轴表达方案。泵轴的主要结构形状是回转体，一般在车床、磨床上加工，主视图通常以加工位置或将轴线水平放置来表达。泵轴的键槽，一般用移出断面图表示，这样既能清晰地表达其结构形状，还便于标注其尺寸公差和形位公差。对于砂轮越程槽或退刀槽，必要时应绘制局部放大图。对于形状简单且较长的轴段，可采用折断画法。泵轴表达方案见图 5-2-13。

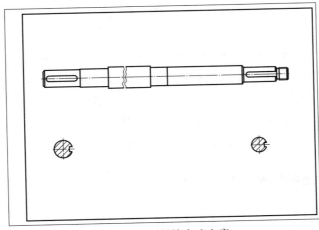

图 5-2-13　泵轴表达方案

步骤三：绘制泵轴草图。根据泵轴大小确定选用 A3 图纸，轴图比例为 1:1，然后在图纸上定出主视图位置，画出中心线。从主视图入手，按投影关系画出泵轴各个视图的详细结构。选择安装滚动轴承的轴段 3 两轴肩端面为尺寸基准，画出尺寸线、尺寸界线，完成泵轴草图绘制，如图 5-2-14 所示。还要留出标题栏位置。

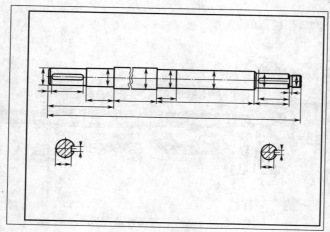

图 5-2-14　泵轴草图

步骤四：尺寸测量与标注。根据泵轴尺寸大小及精度要求，选用合适的测量工具，完成泵轴各结构形状的尺寸测量。由测量工具直接测出的尺寸要经过圆整，使其符合国家标准推荐的尺寸系列，有配合要求的要与配合件尺寸相匹配，取标准值后进行标注。根据生产实际，确定各轴段合适的几何公差和表面粗糙度参数值，进行标注。

步骤五：确定技术要求。零件图上的技术要求主要包括零件的尺寸公差、形状和位置公差、表面粗糙度、热处理及表面处理、零件加工、检验和测试要求、其他特殊要求或说明。泵轴常用技术要求见表 5-2-9，也可根据生产实际确定。

表 5-2-9　泵轴常用技术要求

1. 锐角倒钝 0.5×45°	5. 锻件不允许存在白点、内部裂纹和残余缩孔
2. 未注圆角 R1.6	6. 铸件应进行时效处理
3. 保留中心孔	7. 调质处理
4. 零件去除氧化皮	8. 锐角倒钝 C0.5

步骤六：绘制泵轴工程图。审核和整理泵轴草图，完善表达方案、检查尺寸标注及布置的合理性，核对技术要求，画出泵轴工程图，如图 5-2-15 所示。

步骤七：对泵轴工程图进行自检校对。确认无误后，上交。

步骤八：整理现场，完成实训报告。

活动 2　绘图练习

完成泵轴工程图绘制。

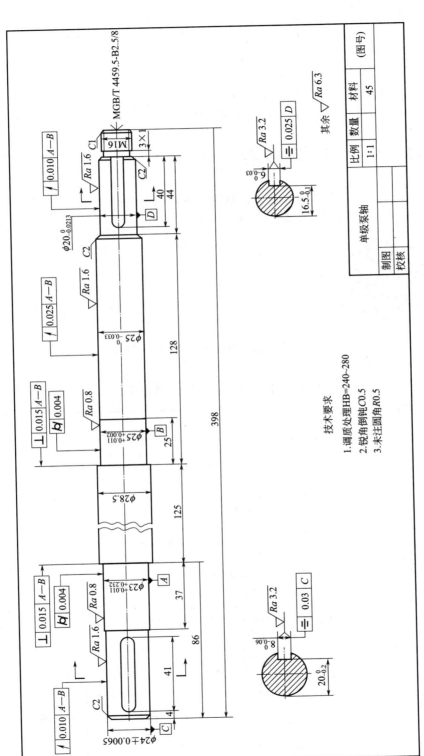

图 5-2-15　泵轴工程图

活动 3 现场清洁

① 物品、器具分类摆放整齐，无没用的物件。

② 清扫操作区域，保持工作场所干净、整洁。

③ 产生的废弃物品，统一回收到垃圾桶，不可随意丢弃。

④ 关闭水电气和门窗，最后离开教室的学生锁好门锁。

活动 4 撰写总结报告

回顾泵轴工程图绘制过程，每人写一份总结报告，内容包括学习心得、团队完成情况、个人参与情况、做得好的地方、尚需改进的地方等。

考核评价

① 学生以小组为单位，按照任务要求，进行自查、互评与总结。

② 教师参照评分标准进行考核评价。

③ 师生总结评价，改进不足，将来在学习或工作中做得更好。

序号	考核项目	考核内容	配分/分	得分/分
1	技能训练	泵轴三视图合理、各结构表达清晰	20	
		尺寸公差、几何公差、表面粗糙度标注正确、齐全	25	
		技术要求合理	10	
		实训报告全面、体会深刻	10	
2	求知态度	求真求是、主动探索	5	
		执着专注、追求卓越	5	
3	安全意识	着装和个人防护用品穿戴正确	5	
		爱护工器具、机械设备，文明操作	5	
		如发生人为的操作安全事故、设备人为损坏、伤人等情况,安全意识不得分		
4	团结协作	分工明确、团队合作能力	3	
		沟通交流恰当,文明礼貌、尊重他人	2	
		自主参与程度、主动性	2	
5	现场整理	劳动主动性、积极性	3	
		保持现场环境整齐、清洁、有序	5	

模块六

轴承与润滑

任务一
滚动轴承与润滑

子任务一　辨认滚动轴承

学习目标

1. 能力目标

　　① 能说出滚动轴承各部分结构名称。

　　② 能辨认常见滚动轴承。

2. 素质目标

　　① 通过规范学生的着装、工具使用、文明操作等，培养学生的安全意识。

　　② 通过信息收集、小组讨论、练习、考核等教学活动，培养学生追求卓越的工匠精神、主动探索的科学精神和团结协作的职业精神。

　　③ 通过实训场地的整理、整顿、清扫、清洁，培养学生的劳动精神。

3. 知识目标

　　① 掌握滚动轴承的种类及特点。

　　② 掌握常用滚动轴承的结构组成。

任务描述

　　滚动轴承是化工机器中广泛应用的部件之一。其作用一是为支承轴及轴上零件，并保持轴的旋转精度；二是为减少转轴与支承之间的摩擦和磨损。

　　作为化工厂的一名设备维修员，轴承与润滑技术是从事机泵检维修作业的基本技能，请辨识常用的滚动轴承。

一、滚动轴承的基本结构

滚动轴承一般由内圈、外圈、滚动体和保持架组成，见图 6-1-1。内圈通常装配在轴上，并与轴一起旋转。外圈通常装在轴承座内或机件壳体中起支承作用。滚动体（球或滚子）在内圈和外圈（或轴圈和套圈）的滚道之间滚动，承受轴承的负荷。保持架的作用是将轴承中的一组滚动体等距离隔开，保持滚动体，引导滚动体在正确的轨道上运动，改善轴承内部负荷分配和润滑性能。

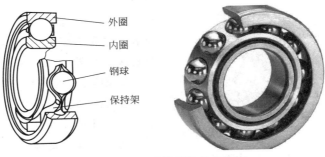

图 6-1-1　滚动轴承的基本结构

二、滚动轴承的分类

1. 按承受载荷的方向或公称接触角分类

按照承受载荷的方向或公称接触角的不同，滚动轴承可分为向心轴承和推力轴承。向心轴承主要用于承受径向载荷，其公称接触角 α 从 $0°\sim45°$；推力轴承主要用于承受轴向载荷，其公称接触角 α 从 $>45°\sim90°$。公称接触角为 $0°$ 时称为径向接触轴承；公称接触角为 $0°\sim45°$ 时称为角接触向心轴承；公称接触角为 $>45°\sim<90°$ 时称为推力角接触轴承；公称接触角为 $90°$ 时称为轴向接触轴承。显然，接触角 α 的值越大，承受轴向载荷的能力越强。

2. 按滚动体形状分类

根据滚动轴承所用滚动体的种类，可将其分为球轴承和滚子轴承，其中滚子轴承又包括圆柱滚子轴承、圆锥滚子轴承、球面滚子轴承和滚针轴承，见图 6-1-2。圆柱滚子轴承指滚动体是圆柱滚子的轴承，圆锥滚子轴承指滚动体是圆锥滚子的轴承，调心滚子轴承指滚动体是球面滚子的轴承，滚针轴承指滚动体是滚针的轴承。

球轴承摩擦因数小，极限转速较高，承载能力较小；圆柱滚子轴承摩擦因数较大，极限转速较低，承载能力较强；圆锥滚子轴承可同时承受径向载荷与轴向载荷；球面滚子轴承承载能力较强，具有自动调心性能；滚针轴承极限转速较低，承载能力较强，适用于安装空间较小的场合。

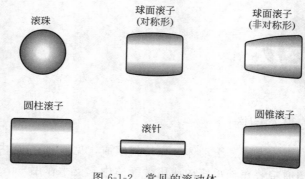

图 6-1-2　常见的滚动体

3. 调心性

根据滚动轴承工作时能否自动调心，可将其分为调心轴承和非调心轴承。调心轴承的外圈滚道是球面形的，能适应两滚道轴心线间的角偏差及角运动，见图 6-1-3（a）；非调心轴承也称为刚性轴承，能阻抗滚道间轴心线角偏移，见图 6-1-3（b）。

（a）调心滚子轴承　　　（b）非调心双列圆柱滚子轴承

图 6-1-3　调心轴承和非调心轴承

4. 滚动体的列数

根据滚动轴承中所用滚动体的列数，可分为单列轴承、双列轴承和多列轴承。单列轴承仅有一列滚动体；双列轴承具有两列滚动体；多列轴承是指滚动体的列数多于两列滚动体的轴承，如三列轴承、四列轴承。图 6-1-4 示出了单列圆柱滚子轴承、双列圆柱滚子轴承、四列圆柱滚子轴承和六列圆柱滚子轴承。

（a）单列圆柱滚子轴承　　（b）双列圆柱滚子轴承　　（c）四列圆柱滚子轴承　　（d）六列圆柱滚子轴承

图 6-1-4　单、双以及多列滚子轴承

三、常用的滚动轴承

1. 深沟球轴承

深沟球轴承是最常用的滚动轴承，见图 6-1-5。它结构简单、使用方便，主要用于承受径向载荷，但当增大轴承径向游隙时，具有一定的角接触球轴承的性能，可以承受径向、轴向联合载荷。

深沟球轴承装在轴上后，在轴承的轴向游隙范围内，可限制轴或外壳两个方向的轴向位移，因此可在双向作轴向定位。此外，该类轴承还具有一定的调心能力，当相对于外壳孔倾斜 2°～10°时，仍能正常工作，但对轴承寿命有一定影响。深沟球轴承保持架多为钢板冲压浪形保持架，大型轴承多采用车制金属实体保持架。

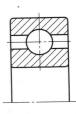

图 6-1-5　深沟球轴承

深沟球轴承摩擦因数小、极限转速高、噪声低，且结构简单，使用方便，应用最广。但不耐冲击，不适宜承受重载荷。深沟球轴承的类型代号为 6。

2. 调心球轴承

调心球轴承有两列钢球，内圈有两条滚道，外圈滚道为内球面形，具有自动调心性能，能适应滚道间的角度偏差及角运动，见图 6-1-6。该类轴承主要用于承受径向载荷，在承受径向载荷的同时，也可承受少量的轴向载荷，但一般不能承受纯轴向载荷，其极限转速较深沟球轴承低。该类轴承多用于在载荷作用下易发生弯曲的双支承轴上，以及双承座孔不能保证严格同轴度的部件里，但内圈中心线与外圈中心线的相对倾斜度不得超过 3°。调心球轴承的类型代号为 1。

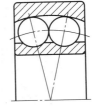

图 6-1-6　调心球轴承

3. 调心滚子轴承

调心滚子轴承具有单列或双列球面滚子，与调心球轴承一样，能适应滚道间的角度偏差及角运动，见图 6-1-7。主要用于承受径向载荷，同时也能承受正、反向的轴向载荷，承受载荷的能力高于调心球轴承。

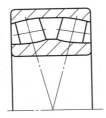

图 6-1-7　调心滚子轴承

调心滚子轴承外圈滚道是球面形，在内圈和滚道为球面的外圈之间装配有鼓形滚子，轴承外圈滚道面的曲率中心与轴承中心一致，所以具有与调心球轴承同样的调心功能。当轴受力弯曲或倾斜而使内圈中心线与外圈中心线相对倾斜不超过 1°～2.5°时，即使轴、外壳出现挠曲，也可以自动调整，不增加轴承负担，轴承仍能工作。

调心滚子轴承可承受较大的径向载荷，同时也能承受一定的轴向载荷，特别适用于重载或有振动载荷的情况，但不能承受纯轴向载荷。由于其径向负载能力大，适用于有重载荷、冲击载荷的情况。调心滚子轴承的类型代号为 2。

4. 角接触球轴承

角接触球轴承可同时承受径向载荷和轴向载荷,能在较高的转速下工作,见图 6-1-8。接触角越大,轴向承载能力越高,高精度和高速轴承通常取 15°接触角。在轴向力作用

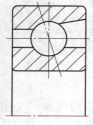

下,接触角会增大。单列角接触球轴承只能承受一个方向的轴向载荷,在承受径向载荷时,将引起附加轴向力,并且只能限制轴或外壳在一个方向的轴向位移。若成对安装,使一对轴承的外圈相对,即宽端面对宽端面、窄端面对窄端面,这样即可避免引起附加轴向力,而且可在两个方向使轴或外壳限制在轴向游隙范围内。

图 6-1-8 角接触球轴承

角接触球轴承因其内外圈的滚道可在水平轴线上有相对位移,所以可以同时承受径向载荷和轴向载荷组成的联合载荷(单列角接触球轴承只能承受单方向轴向载荷,因此一般都常采用成对安装)。保持架的材质有黄铜、合成树脂等,依轴承形式、使用条件而不同。角接触球轴承的类型代号为 7。

5. 推力角接触球轴承

推力角接触球轴承的公称接触角为 45°～90°,见图 6-1-9,主要承受轴向载荷,也可以同时承受径向载荷,其承受轴向载荷的能力随接触角增大而增大。在推力轴承中,推力角接触轴承极限转速较高。推力角接触球轴承的类型代号为 56。

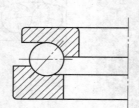

图 6-1-9 推力角接触球轴承

6. 推力调心滚子轴承

推力调心滚子轴承由轴圈、座圈与球面滚子和保持架组件构成,由于座圈滚道面呈球面而具有调心性,见图 6-1-10。该类轴承承受轴向载荷能力强,在承受轴向载荷的同时还可承受一定的径向载荷。推力调心球轴承的类型代号为 2。

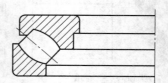

图 6-1-10 推力调心滚子轴承

7. 推力球轴承

推力球轴承是接触角为 90°的球轴承,属于分离型轴承,见图 6-1-11。推力球轴承不能

承受径向载荷。推力球轴承还有带坐垫的结构，由于坐垫的安装面呈球面形，故轴承具有调心性能，可以减小安装误差的影响。在推力轴承中，极限转速较高。推力调心球轴承的类型代号为 5。

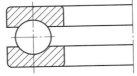

图 6-1-11　推力球轴承

8. 圆锥滚子轴承

圆锥滚子轴承的滚动体为圆锥滚子，见图 6-1-12，属于可分离型轴承，由带滚子与保持架组件的内圈组成的圆锥内圈组件与圆锥外圈（外圈）组成，可以分开安装。游隙调整方便，也可以预过盈安装。根据轴承中滚动体的列数，可将圆锥滚子轴承分为单列、双列和四列圆锥滚子轴承。

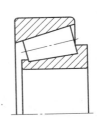

圆锥滚子轴承有圆锥形内圈和外圈滚道，圆锥滚子排列在两者之间。所有圆锥表面的投影都在轴承轴线的同一点相聚。这种设计使圆锥滚子轴承特别适合承受联合（径向与轴向）载荷。轴

图 6-1-12　圆锥滚子轴承

承的轴向负载能力大部分是由接触角 α 决定的，α 角度越大，轴向负载能力就越强。圆锥滚子轴承极限转速较低，一般成对使用。圆锥滚子轴承的类型代号为 3。

9. 推力圆锥滚子轴承

推力圆锥滚子轴承的滚动体为圆锥滚子，滚子由轴圈和座圈的挡边引导，承受轴向载荷能力强，见图 6-1-13。单向轴承可承受单向轴向载荷，双向轴承可承受双向轴向载荷。与推力圆柱滚子轴承相比，该轴承承载能力大，相对滑动小，但极限转速较低。推力圆锥滚子轴承的类型代号为 9。

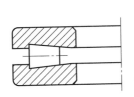

图 6-1-13　推力圆锥滚子轴承

10. 滚针轴承

滚针轴承具有细而长的滚子，径向结构紧凑，特别适用于径向安装尺寸受限制的支承结构，见图 6-1-14。根据使用场合不同，可选用无内圈的轴承或滚针和保持架组件。此类轴承仅能承受径向载荷且承载能力大。滚针轴承的类型代号为 NA。

图 6-1-14　滚针轴承

11. 推力滚针轴承

　　推力滚针轴承有分离型轴承和非分离型轴承，见图 6-1-15。分离型轴承由滚道圈与滚针和保持架组件组成，大多仅采用滚针和保持架组件，而把轴及外壳的安装面作为滚道面使用。该类轴承承受单向轴向载荷，占用空间小，极限转速低。推力滚针和保持架组件的类型代号为 AXK。

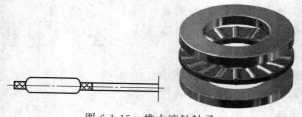

图 6-1-15　推力滚针轴承

任务实施

活动 1　指认滚动轴承

1. 明确工作任务

辨识常见滚动轴承，指出各部分结构名称。

2. 组织分工

学生 2～3 人为一组，按照任务要求分工，明确各自职责。

序号	人员	职责
1		
2		
3		

活动2　现场清洁

① 物品、器具分类摆放整齐，无没用的物件。
② 清扫操作区域，保持工作场所干净、整洁。
③ 产生的废弃物品，统一回收到垃圾桶，不可随意丢弃。
④ 关闭水电气和门窗，最后离开教室的学生锁好门锁。

活动3　撰写总结报告

回顾滚动轴承辨认过程，每人写一份总结报告，内容包括学习心得、团队完成情况、个人参与情况、做得好的地方、尚需改进的地方等。

① 学生以小组为单位，按照任务要求，进行自查、互评与总结。
② 教师参照评分标准进行考核评价。
③ 师生总结评价，改进不足，将来在学习或工作中做得更好。

序号	考核项目	考核内容	配分/分	得分/分
1	技能训练	轴承种类辨认齐全、准确	25	
		结构名称回答正确	25	
		实训报告全面、体会深刻	15	
2	求知态度	求真求是、主动探索	5	
		执着专注、追求卓越	5	
3	安全意识	着装和个人防护用品穿戴正确	5	
		爱护工器具、机械设备，文明操作	5	
		如发生人为的操作安全事故、设备人为损坏、伤人等情况，安全意识不得分		
4	团结协作	分工明确、团队合作能力	3	
		沟通交流恰当，文明礼貌、尊重他人	2	
		自主参与程度、主动性	2	
5	现场整理	劳动主动性、积极性	3	
		保持现场环境整齐、清洁、有序	5	

子任务二　滚动轴承润滑

1. 能力目标
　　① 能判断化工设备上滚动轴承的润滑方式。
　　② 能阐述油润滑和脂润滑的特点。
2. 素质目标
　　① 通过规范学生的着装、工具使用、文明操作等，培养学生的安全意识。
　　② 通过信息收集、小组讨论、练习、考核等教学活动，培养学生追求卓越的工匠精神、主动探索的科学精神和团结协作的职业精神。
　　③ 通过实训场地的整理、整顿、清扫、清洁，培养学生的劳动精神。
3. 知识目标
　　① 掌握滚动轴承的常见润滑方式。
　　② 掌握摩擦状态、润滑与润滑剂。

任务描述

　　润滑对滚动轴承具有重要作用，润滑不良，会引起轴承温度升高，甚至烧坏轴承。损坏的轴承会导致机器振动增大，噪声变大，检修时，需要认真检查滚动轴承的好坏，延长设备寿命。
　　作为化工厂技术人员，请判断出化工设备上滚动轴承的润滑方式。

一、润滑及其作用

润滑是抵抗摩擦、磨损的一种手段。将具有润滑性能的物质加到摩擦面之间形成一层润滑膜，使摩擦面脱离直接接触，从而控制摩擦和减少磨损，以达到延长使用寿命的措施，称为润滑。能起到降低接触面间的摩擦阻力的物质称为润滑剂。

润滑对机械设备的正常运转起着重要的作用，主要有以下几种。

1. 控制摩擦

在两个相对摩擦的表面之间加入润滑剂，形成一个润滑油膜的减摩层，就可以降低摩擦因数，减少摩擦阻力，减少功率消耗。例如在良好的液体摩擦条件下，其摩擦因数可以降低到 0.001 甚至更低。

2. 减少磨损

润滑剂在摩擦表面之间，可以减少由于硬粒磨损、表面锈蚀、金属表面间的咬焊与撕裂等造成的磨损。因此，在摩擦表面间供应足够的润滑剂，就能形成良好的润滑条件，避免油膜的破坏，保持零件配合精度，从而大大减少磨损。

3. 散热，降低温度

润滑剂能够降低摩擦因数，减少摩擦热的产生。运转中的机械克服摩擦所做的功，全部转变成热量，一部分由机体向外扩散，一部分则不断使机械温度升高。采用液体润滑剂的集中循环润滑系统就可以带走摩擦产生的热量，起到降温冷却的作用，使机体在所要求的温度范围内运转。

4. 防止腐蚀，保护金属表面

机械表面不可避免地要和周围介质接触（如空气、水汽、腐蚀性气体及工艺液体等），使机械的金属表面生锈、腐蚀而损坏。尤其在冶金工厂的高温车间和化工厂，腐蚀磨损显得更为严重。润滑油、脂对金属没有腐蚀作用，在机械的金属表面涂上一层防腐剂，可起到对金属表面的保护作用。

5. 冲洗作用

摩擦副在运动时产生的磨损微粒（磨粒）或外来介质等，都会加速摩擦表面的磨损。利用液体润滑剂的流动性，可以把摩擦表面间的磨粒带走，从而减少磨粒磨损。在压力循环润滑系统中，冲洗作用更为显著。在冷轧、热轧以及切削、磨削、拉拔等加工工艺中采用工艺润滑剂，除有降温冷却作用外，还有良好的冲洗作用，防止表面被固体杂质划伤，使加工成品（钢材）表面具有较好的质量和较高的表面粗糙度精度。例如，在内燃机气缸中所用的润滑油里加入悬浮分散添加剂，使油中生成的凝胶和积炭从气缸壁上洗涤下来，并使其分散成小颗粒状悬浮在油中，随后被循环油过滤器滤除去，以保持油的清洁，减少气缸的磨损，延长换油周期。

6. 密封作用

对于蒸汽机、压缩机、内燃机等的气缸与活塞，润滑油不仅能起到润滑减摩作用，而且还有增强密封的效果，使其在运转中不漏气，提高工作效率。

润滑脂对于形成密封有特殊作用，可以防止水湿或其他灰尘、杂质浸入摩擦副。例如，采用涂上润滑脂的浸油盘根，对水泵轴头的密封既有良好的润滑作用，又可以防止泄漏和灰尘杂质浸入泵体而起到良好的密封作用。

此外，润滑油还有传递动力、缓冲减振和减小噪声的效果。

二、摩擦状态

按摩擦副的润滑状态分为干摩擦、边界摩擦、液体摩擦和混合摩擦四种，见图 6-1-16。

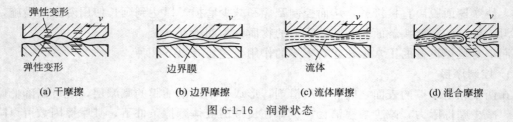

图 6-1-16　润滑状态

1. 干摩擦

当两摩擦表面间无任何润滑剂或保护膜时，即出现固体表面间直接接触的摩擦，工程上称为干摩擦。此时必有大量的摩擦功损耗和严重的磨损。

2. 边界摩擦

当运动副的摩擦表面被吸附在表面的边界膜隔开，摩擦性质取决于边界膜和表面的吸附性能时的摩擦称为边界摩擦。边界摩擦下的泄漏量很小，磨损通常也不大。

3. 液体摩擦

当运动副的摩擦表面被流体膜隔开，摩擦性质取决于流体内部分子间黏性阻力的摩擦称为液体摩擦，又称为流体摩擦。流体液膜越厚，泄漏量越大，因此减少摩擦和磨损必须付出泄漏量增大的代价。

4. 混合摩擦

当摩擦状态处于边界摩擦及流体摩擦的混合状态时称为混合摩擦。混合摩擦状态下存在轻微的磨损，摩擦因数较小，泄漏量不大。

三、常用润滑剂

凡加入两个有相对运动的摩擦副表面间、能降低或控制运动副摩擦阻力、减少磨损的物质都称为润滑剂。

润滑剂按常温物理状态分为液体润滑剂、半固体（半流体）润滑剂、固体润滑剂和气体润滑剂 4 种基本类型。其中液体和半固体润滑剂应用最广泛。表 6-1-1 列出了这 4 种基本类型润滑剂的主要性能。

表 6-1-1　润滑剂的主要性能

润滑剂性能	液体润滑剂		半固体润滑剂	固体润滑剂	气体润滑剂
	矿物油	合成油	润滑脂		
流体动力润滑性	极好	极好	可	无	好
边界润滑性	差～极好	极差～差	好～极好	好～极好	差
冷却性	很好	可	差	无	可
低摩擦性	可～好	可	可	差	极好
向支承供给的简易性	好	好	可	差	好
保持在支承中的能力	差	差	好	很好	很好
密封防污染性能	差	差	很好	可～好	很差
对大气腐蚀的防护性	可～极好	可～好	好～极好	差～可	差
工作温度范围	可～很好	可～极好	大	很大	极大

润滑剂性能	液体润滑剂		半固体润滑剂	固体润滑剂	气体润滑剂
	矿物油	合成油	润滑脂		
挥发性（低为好）	很高～低	可～极好	低	低	很高
抗燃性（高为好）	差～可	可～极好	可	可～极好	视气体而定
适应性	很低～中等	很差～差	中等	极高	很高
成本	低～高	高～很高	相当高	相当高	很低
支承设计的复杂性	相当低	相当低	相当低	低～高	很高
决定使用寿命的因素	变质和污染	变质和污染	变质	磨损	维持供气能力

1. 液体润滑剂

液体润滑剂是用量最大、品种最多的一类润滑剂。包括矿物油、合成油、动植物油和水基润滑液，一般统称为润滑油，其中应用最广泛、用量最大的是矿物油。

液体润滑剂易于进入运动副支承的承载区，工作后又易于排出工作区之外。所以，它可以带走摩擦所产生的热起冷却作用；又能带走尘土、杂质起清洁作用；污染后可以用滤油器过滤的方法去除这些固体颗粒杂质。但润滑油污染环境，不能防止灰尘进入支承的承载区。

合成润滑油是用化工原料通过化学合成的方法制备的润滑油。与矿物油不同，合成油的主要成分不是单一类型的化合物，而是包含元素组成、分子结构和性能特点相差很远的多类化合物。合成油一般用在条件苛刻的工况条件下的设备润滑。

动植物油脂中，植物油有花生油、菜籽油、蓖麻油和葵花子油等。动植物油的油性好，生物降解性好，但氧化安定性和热稳定性较差，低温性能也不够好。

水具有良好的导热性，资源丰富，价廉易得。但水的黏度太小，因此必须添加增黏剂或油性剂，目前广泛使用的有水基切削液和水-乙二醇液压液等。

2. 半固体润滑剂

半固体润滑剂是指各种润滑脂。润滑脂是将稠化剂均匀分散在润滑油中得到的半固体状黏稠膏状物质。近年来发展了稠度较小的半流体润滑脂，润滑脂具有抗磨、减摩性能，还具有某些特殊性能，因而获得日益广泛的应用。由于润滑脂不易流动，故不易飞溅和流失，且可以防止外界灰尘进入摩擦副，构成有效的密封。因而润滑脂应用普遍，特别是在滚动轴承中用润滑脂润滑占 80% 以上。但润滑脂散热能力差，几乎不起冷却作用，输送性能差，污染后不易净化，这就限制了它的应用。

3. 固体润滑剂

固体润滑剂是任何能在摩擦表面上形成固体膜以减小摩擦阻力的物质。常用的有金属化合物、无机物、有机物和软金属 4 类。按固体润滑材料状态可分为固体粉末、覆盖膜、复合材料和自润滑整体零部件 4 类。

固体润滑剂粉末以适当的量添加到润滑油和润滑脂中，可提高其承载能力及改善边界润滑性能等。覆盖膜是用溅射、真空或电泳沉积、等离子喷镀、离子镀、电镀、化学生成、浸渍、黏结剂黏结等方法将固体润滑剂覆盖在运动副摩擦表面上，使之成为具有一定自润滑性能的干膜，这是常用的固体润滑方法。所谓复合材料是指由两种或两种以上的材料复合起来使用的材料系统，这些材料的物理、化学性质及形状都是不同的，而且是互不可溶的，制成的新材料具有更优越的润滑性能。自润滑整体零部件主要是将某些摩擦系数较低、成型加工性和化学稳定性好、电绝缘性能优良、抗冲击性能强的某些工程塑料制成整体零部件使用。

4. 气体润滑剂

任何气体都可以作为润滑剂，常用的有空气、氦、氮、氢等。对润滑剂气体要求清洁度很高，使用前必须进行严格的精制处理。由于气体黏度很低，所以其膜厚很小，只能用于高速、轻载、小间隙和公差控制十分严格的情况。实际使用最多的气体润滑剂是空气，主要用于气体静压滑动轴承。气体润滑剂可在比润滑油和润滑脂更高或更低的温度下使用，但其承载能力很低，要求轴承的设计和加工难度很高。

四、润滑方式

滚动轴承常用的润滑方式有以下几种。

1. 滴油润滑

润滑油通过针阀式注油油杯靠自重滴入轴承部位进行润滑，如图 6-1-17 所示。对于竖轴的场合，轴承轴线铅垂，油靠自重容易进入轴承中。当转轴处于水平位置时，润滑油可先滴在轴端螺母上，再飞溅到轴承上。滴油量可以调节，通常为 5～6 滴/min。这种润滑方法简单、方便，用于高速回转的小型轴承。

2. 油浴润滑

油浴润滑常用于低速和中速的场合。轴承的一部分浸入油中，轴承运转时，保持器每转动一圈，每个滚动体都浸入油中一次，将油带到滚道等工作面上，如图 6-1-18 所示。

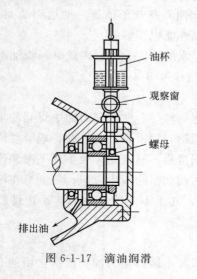

图 6-1-17　滴油润滑

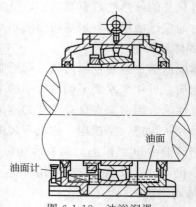

图 6-1-18　油浴润滑

当轴承轴线处于水平位置时，油面应在轴承静止时最低滚动体中心位置。油面过高，搅油作用将使温升增高。低速回转时，搅油运动不大，油面可稍高些。为便于检查油位，可在外壳旁安装一个测量杆、油位显示计或探针杆。

3. 飞溅润滑

利用浸入油池内的齿轮或甩油环的旋转使油飞溅进行润滑，如图 6-1-19 所示。当轴承处于不易溅油的位置时，可在轴承座或箱体上制成导油沟或设导油槽进行润滑。此种润滑装置简单，但启动时状况不太好，用于封闭箱内易于溅油处的轴承。

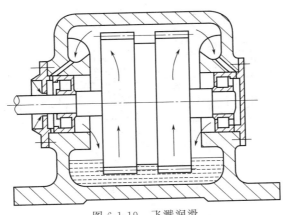

图 6-1-19　飞溅润滑

4. 循环润滑

　　循环润滑主要用于转速较高、载荷较大的轴承中。用液压泵将经过过滤的润滑油（压力约为 0.15MPa）输送到轴承部位，通过轴承后返回油箱，经过滤、冷却后循环使用。图 6-1-20 为三种循环润滑的例子。

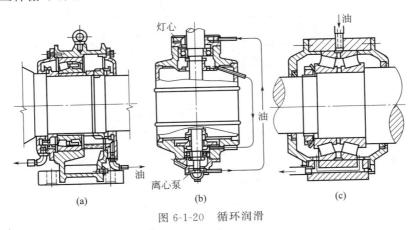

(a)　　　　　　　　(b)　　　　　　　　(c)

图 6-1-20　循环润滑

5. 喷射润滑

　　轴承高速旋转时，滚动体和保持器也以相当高的速度旋转，使周围空气形成气流，用一般润滑方法很难将润滑油输送到轴承中去，这时必须用高压喷射的方法将润滑油喷入轴承中。其工作原理是，用油泵通过位于内圈和保持器之间的一个或几个喷嘴，将润滑油喷射入轴承中，经过轴承的油流入油槽，同时对轴承起润滑和冷却的作用，如图 6-1-21 所示。

　　一般喷嘴直径为 0.7～2mm，喷嘴直径不能太小，否则会被异物堵塞。为避免堵塞喷嘴，一般都安装有过滤器。

　　图 6-1-22 是采用喷射环的喷油润滑装置。在两套轴承中间有一带槽的喷射环 1 用以输油，并通过该环圆周上的喷嘴 3 将润滑油喷入内圈和保持器之间。喷射环中槽 2 将所有喷嘴连通，油通过该环的缺口 4 从轴承之间流出。为使出油侧不被堵塞，出油孔必须足够大。有时还需抽油。喷射润滑油的压力为 0.1～0.5MPa。

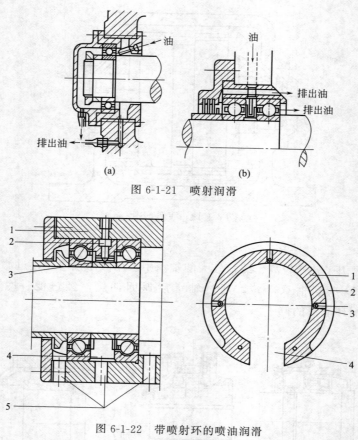

图 6-1-21　喷射润滑

图 6-1-22　带喷射环的喷油润滑
1—喷射环；2—连通槽；3—喷嘴；4—出油缺口；5—出油孔

6. 油雾润滑

利用压缩空气将油雾化，再经喷嘴喷射到轴承中。空气压力为 $0.05\sim0.15$MPa，对每个轴承的空气量为 $5\sim10$L/min，供油量为 $0.1\sim1$mL/min。由于压缩空气和油雾一起进入轴承中，故冷却效果较好。油雾润滑主要用于高速轴承，见图 6-1-23。油雾润滑所用油量极少，油雾润滑所用油的黏度应低于 200mm^2/s。

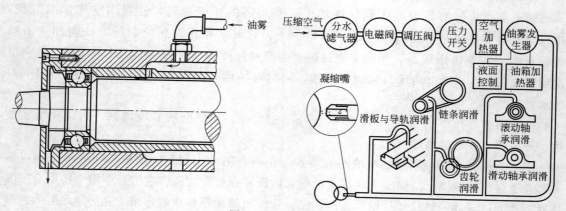

图 6-1-23　油雾润滑

7. 油气润滑

每隔一定时间（1～60min）由定量柱塞分配器定量输出微量润滑油（0.01～0.06mL）与压缩空气管道中的压缩空气（压力0.3～0.5MPa、流量20～50L/min）混合后，经内径2～4mm的尼龙管及安装在轴承近处的喷嘴送入轴承中。

油气润滑与油雾润滑的主要区别是供给轴承的润滑油未被雾化，而是成滴状进入轴承中，因此比采用油雾润滑更容易在轴承中沉积，且不污染环境。由于使用大量空气冷却轴承，因此轴承运行温度比采用油雾润滑和其他各种润滑方法时低。同样适用于高速轴承的润滑。

图6-1-24是油气润滑原理图。图中单线表示压缩空气管路，双线为润滑油管路。时间继电器9定时地控制电磁阀1，使压缩空气进入气液泵2。油从油箱3中抽出，由气液泵送至定量柱塞式分配器5，经单向阀后与压缩空气混合，经喷嘴6喷出。压力继电器4和8分别用于控制油和气的压力，节流阀7用来控制喷出空气的压力。

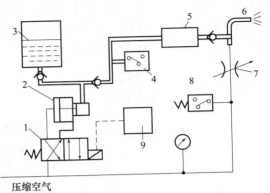

压缩空气

图6-1-24　油气润滑原理图

1—电磁阀；2—气液泵；3—油箱；4,8—压力继电器；
5—定量柱塞式分配器；6—喷嘴；7—节流阀；
9—时间继电器

油气润滑所用润滑油的黏度通常为10～40mm^2/s。为了减少给油不均匀，宜减少每次排油量和缩短排油间隔。常用每次排油量为0.01～0.03mL，相应的排油间隔为1～16min。

对于高速回转的轴承，为将润滑油可靠地喷射到轴承内，应十分重视喷嘴的形状和安装位置，因此通常在每个轴承处设一喷嘴，每个轴承的油气进入量均可调整。喷嘴孔径为0.5～1mm。喷嘴应安装在保持器与内圈之间，朝向内圈滚道与滚动体接触点处。图6-1-25为油气润滑实例，在两个轴承之间安装一个有许多喷嘴的油气环，油气混合物通过油气环的喷嘴输入轴承中。

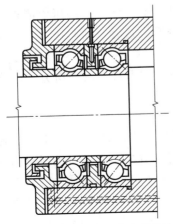

图6-1-25　油气润滑时带有喷嘴的油气环

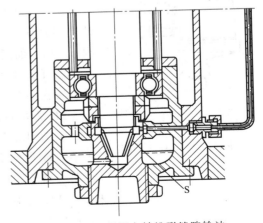

图6-1-26　利用主轴锥形缝隙输油

8. 离心法润滑

对于竖直轴的支承，可以利用锥孔的泵吸作用将润滑油由下部输送到上部。图 6-1-26 是利用竖轴锥形轴端与外壳之间形成的锥形缝隙 S 将油输送至中部的环形槽中，再经管道上升到上部轴承的位置。

9. 集中润滑

多台机器同时运转，许多轴承同时润滑时，可应用集中润滑系统，如图 6-1-27 所示。用电动机驱动中心润滑系统，由控制器 6 断续接通油泵 1，配油阀 3 可以调节满足各个轴承所需的润滑剂量。通过较长的润滑导管能到达较远的润滑位置。集中润滑的优点是泵和中央油箱容易进行监控。较软的润滑脂润滑也可适用集中润滑系统。

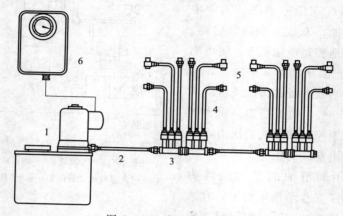

图 6-1-27 集中润滑系统

1—油泵；2—主油管；3—配油阀；4—分油管；5—润滑位置；6—控制器

10. 脂杯润滑（滴下润滑）

润滑脂是非牛顿型流体。与润滑油相比较，润滑脂的流动性、冷却效果都较差，杂质也不易除去。因此。润滑脂多用于低、中速机械。脂杯润滑又称为滴下润滑，是将润滑脂装在脂杯里向润滑部位滴下润滑脂进行润滑。

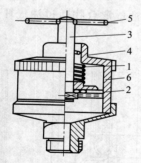

图 6-1-28 连续压注脂杯

1—弹簧；2—油封；3—活塞；4—销钉；5—手柄；6—套筒

图 6-1-28 是连续压注脂杯。借助弹簧的挤压力能连续不断地提供润滑脂。当活塞处于最低位置时，油脂用尽，需取下套筒 6，加注油脂。

脂杯润滑是一种结构简单、效果良好的润滑方法。脂杯直接设置在润滑点处。

11. 脂枪润滑（手工润滑）

手工润滑主要是利用脂枪把润滑脂从注油孔注入或者直接用手工填入润滑部位。这种润滑方法也是属于压力润滑方法，可用于高速运转而又不需要经常补充润滑脂的部位。

图 6-1-29(a) 是一种压杆式脂枪。油脂在贮油腔内受弹簧、活塞的挤压，挤向油腔底部出口。手动操纵杆控制（通过相连的柱塞）出口的开闭。出油口单向阀使润滑点保持一定压力。

图 6-1-29（b）则是一种手推式脂枪。油嘴与油腔活塞相连。当推动脂枪时，油脂受压，经空心活塞杆挤向油嘴，注入润滑点。

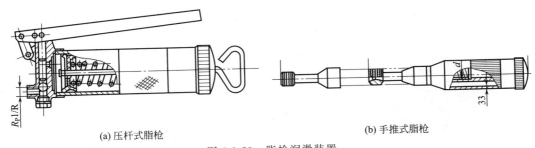

(a) 压杆式脂枪　　　　　　　　　　　　(b) 手推式脂枪

图 6-1-29　脂枪润滑装置

活动 1　判断机泵的润滑方式

1. 明确工作任务
① 判断实训室 IH 80-65-160 型单级单吸化工离心泵的滚动轴承采用的是哪种润滑方式。
② 判断实训室 WB 1-6/5 电动往复泵的传动齿轮和滚动轴承采用的是哪种润滑方式。
③ 判断实训室明杆式闸阀的阀杆采用的哪种润滑方式。

2. 组织分工
学生 2～3 人为一组，分工协作，明确各自职责。

序号	人员	职责
1		
2		
3		

活动 2　现场清洁

① 物品、器具分类摆放整齐，无没用的物件。
② 清扫操作区域，保持工作场所干净、整洁。
③ 产生的废弃物品，统一回收到垃圾桶，不可随意丢弃。
④ 关闭水电气和门窗，最后离开教室的学生锁好门锁。

活动 3 撰写实训报告

回顾滚动轴承润滑认知过程，每人写一份总结报告，内容包括心得体会、团队完成情况、个人参与情况、做得好的地方、尚需改进的地方等。

① 学生以小组为单位，按照任务要求，进行自查、互评与总结。

② 教师参照评分标准进行考核评价。

③ 师生总结评价，改进不足，将来在学习或工作中做得更好。

序号	考核项目	考核内容	配分/分	得分/分
1	技能训练	离心泵润滑方式判断正确	15	
		往复泵润滑方式判断正确	20	
		闸阀润滑方式判断正确	15	
		实训报告全面、体会深刻	15	
2	求知态度	求真求是、主动探索	5	
		执着专注、追求卓越	5	
3	安全意识	着装和个人防护用品穿戴正确	5	
		爱护工器具、机械设备，文明操作	5	
		如发生人为的操作安全事故、设备人为损坏、伤人等情况，安全意识不得分		
4	团结协作	分工明确、团队合作能力	3	
		沟通交流恰当，文明礼貌、尊重他人	2	
		自主参与程度、主动性	2	
5	现场整理	劳动主动性、积极性	3	
		保持现场环境整齐、清洁、有序	5	

任务二
滑动轴承与润滑

学习目标

1. 能力目标
   ① 能辨认常见的滑动轴承。
   ② 能阐述滑动轴承的润滑类型与润滑原理。
2. 素质目标
   ① 通过规范学生的着装、现场卫生、工具使用等，培养学生的安全意识并进行文明操作。
   ② 通过信息收集、小组讨论、练习、考核等教学活动，培养学生的语言表达能力、团队协作意识和吃苦耐劳的精神。
3. 知识目标
   ① 掌握滑动轴承的类型与结构。
   ② 掌握滑动轴承的材质、润滑类型与过滤原则。

任务描述

滑动轴承在大中型压缩机、泵、汽轮机等设备上应用广泛，设备检修时，轴承部分往往占用大量时间，足见其重要性。

作为化工厂的一名技术人员，请辨认滑动轴承，熟知滑动轴承的润滑类型及润滑原理。

一、常用的滑动轴承

1. 与机器成一体的径向滑动轴承

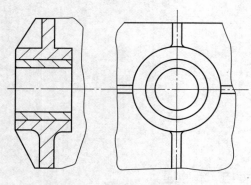

图 6-2-1　镶嵌于箱体的轴承

滑动轴承一般由壳体、轴瓦和润滑装置组成。轴承壳体可以直接利用机器的箱壁凸缘或机器的一部分组成，如图 6-2-1 所示，如减速器箱或金属切削机床的主轴箱。有时为了加工、装拆方便，轴承壳体可以做成独立的轴承座。

2. 整体式径向滑动轴承

如图 6-2-2 所示，整体式滑动轴承是由轴承座 1、轴瓦 2 和紧定螺钉 3 组成。这种轴承结构简单，成本低，但装拆时必须通过轴端，而且磨损后轴颈和轴瓦之间的间隙无法调整，故多用于轻载、低速和间歇性工作且不重要的场合。

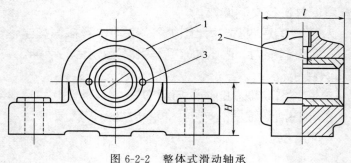

图 6-2-2　整体式滑动轴承
1—轴承座；2—轴瓦；3—紧定螺钉

3. 对开式径向滑动轴承

对开式径向正滑动轴承，见图 6-2-3 所示，是由轴承座 1、轴承盖 2、上、下轴瓦 3 和 4 及连接螺栓 5 组成。为使轴承盖和轴承座很好地对中并承受径向力，在对开剖分面上做出阶梯形的定位止口。剖分面间放有少量垫片，以便在轴瓦磨损后，借助减少垫片来调整轴颈和轴瓦之间的间隙。轴承盖应适度压紧轴瓦，使轴瓦不能在轴承孔中转动。轴承盖上制有螺纹孔，以便安装油杯或油管。

对开式滑动轴承便于装拆和调整间隙，因此得到了广泛的应用。

4. 自动调位滑动轴承

当轴颈较长（长径比＞1.5～1.75），轴的刚度较小，或由于两轴承不是安装在同一刚性的机架上，同心度较难保证时，都会造成轴颈与轴瓦端部的局部接触（如图 6-2-4 所示），

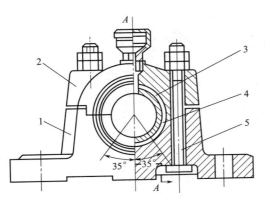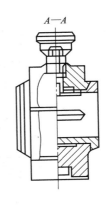

图 6-2-3　对开式径向正滑动轴承

1—轴承座；2—轴承盖；3—上轴瓦；4—下轴瓦；5—螺栓

使轴瓦局部磨损严重，为此可采用自动调位滑动轴承（图 6-2-5），这种轴承的结构特点是将轴瓦 1 与轴承盖 2 及轴承座 3 相配合的表面做成球面，球面中心恰好在轴线上，轴瓦可沿支座的球面自动调整位置来适应轴的变形，从而保证轴颈与轴瓦为面接触。

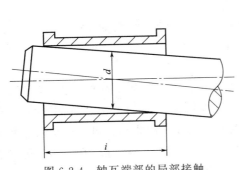

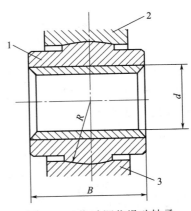

图 6-2-4　轴瓦端部的局部接触

图 6-2-5　自动调位滑动轴承

1—轴瓦；2—轴承盖；3—轴承座

5. 固定瓦止推轴承

固定瓦止推轴承均采用环形结构，由若干扇形瓦和止推环组成，见图 6-2-6。为了在滑动面间形成液体动压油膜，以便得到必要的承载能力，在轴端和轴瓦之间必须做出楔形间隙。为此，需在轴瓦上开出几个径向槽，将工作面分成几个相等的区域，每段称为扇形瓦。为了减少润滑油的径向泄漏，径向供油槽不要开到头，应在外边缘处剩下（0.1～0.2）$(r_2 - r_1)$ 的宽度。

扇形瓦表面与轴端平面成 α 角。有相对运动时，相对滑动面间形成油楔，产生动压力。根据瓦面几何形状不同，分为多沟平面瓦、斜面瓦、斜-平面瓦和阶梯面瓦止推轴承，见图 6-2-7。

多油沟止推轴承只能在轻载下使用；斜面瓦止推轴承用于单向旋转，无启动载荷情况；

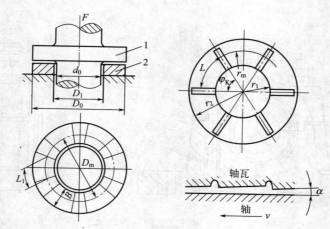

图 6-2-6　固定瓦止推轴承组成

1—止推环；2—扇形瓦

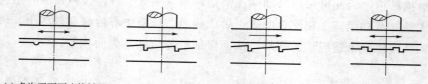

(a) 多沟平面瓦止推轴承　(b) 斜面瓦止推轴承　(c) 斜-平面瓦止推轴承　(d) 阶梯面瓦止推轴承

图 6-2-7　止推滑动轴承的基本形式

斜-平面瓦止推轴承允许轴承有启动载荷；阶梯面瓦止推轴承结构简单，用于小尺寸轴承。止推轴承承受轴向载荷，常与径向轴承同时使用。

6. 可倾瓦止推轴承

可倾瓦止推轴承由若干弧形瓦块组成，瓦块可以绕一支点在圆周方向摆动，改变与轴颈表面形成的楔角，以适应不同的工况，见图 6-2-8。若支点为球面，瓦块也能在轴线方向摆动，可以适应轴承的同轴度误差和轴的弯曲变形。瓦块数目一般为 3～6。可倾瓦能适应工况的变化而自动调节瓦块的斜度，瓦的最小油膜厚度也相应改变。可倾瓦止推轴承稳定性极好，适用于载荷或速度经常变化的场合，尤其广泛应用于大型轴承。

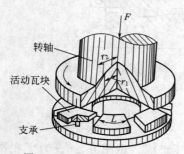

图 6-2-8　可倾瓦止推轴承

7. 可倾瓦径向轴承

可倾瓦径向轴承是一种液体动压轴承，由若干独立的、能绕支点摆动的瓦块组成，见图 6-2-9。轴承工作时，借助润滑油膜的流体动压力作用在瓦面和轴颈表面间形成承载油楔，它使两表面完全脱离接触。随着轴承工作状况的变化，瓦面倾斜度和油膜厚度都会发生变化，但间隙比不变，始终保持设计状态。

二、轴瓦结构

轴瓦是滑动轴承中的重要元件。根据滑动轴承结构形式的不同，轴瓦结构有整体式和对开式两类。

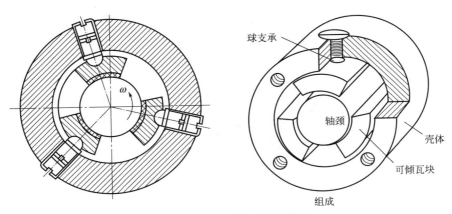

图 6-2-9 可倾瓦轴承结构简图

1. 整体式轴瓦

整体式轴瓦又称轴套。按轴套的结构不同又分为卷制轴套和整体轴套。按材料及制法不同，分为整体轴套（图 6-2-10）和单层、双层或多层材料的卷制轴套（图 6-2-11）。

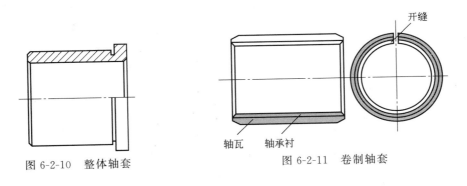

图 6-2-10 整体轴套   图 6-2-11 卷制轴套

2. 对开式轴瓦

对开式轴瓦由上、下两半瓦组成。一般，下轴瓦承受载荷，上轴瓦不承受载荷。对开式轴瓦有厚轴瓦和薄轴瓦两种。

（1）厚轴瓦 如图 6-2-12 所示，厚轴瓦的壁较厚，其壁厚 δ 与外径 D 的比值大于 0.05。厚轴瓦用铸造方法制造。上轴瓦开有油孔和油沟（润滑槽），润滑油由油孔输入后，经油沟分布到整个轴瓦表面上。

为改善轴瓦的摩擦性能，常在其内表面浇注一层减摩材料（如轴承合金），称为轴承衬。为使轴承衬能牢固贴合在轴瓦表面上，常在轴瓦上制出一些沟槽，这些沟槽称为轴承合金浇注用槽。轴承衬的厚度一般由十分之几毫米到 6mm，直径愈大轴承衬应愈厚。一般，轴承衬层愈薄，其疲劳强度愈高。

为综合利用各种金属材料的特性，常在轴承衬的表面上再镀上薄薄的一层铟、银等更软的金属，称之为"三金属轴瓦"。轴承合金层的厚度小于 0.36mm 时，其疲劳强度显著提高，在其上再加镀一薄层减摩性更好的材料（如铟、银等），可比仅用中间层材料作衬的轴瓦，在跑合性和嵌藏性等方面都有很大改善。

（2）薄轴瓦　薄轴瓦的壁厚较薄，它是将轴承合金黏附在低碳钢带上，再经冲裁、弯曲成形及精加工制成双金属薄壁轴承，见图 6-2-13。由于它能用双金属板连续轧制等新工艺进行大量生产，所以质量稳定，成本低廉。

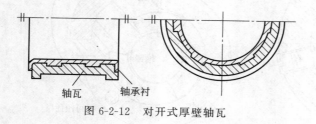

轴瓦　　轴承衬

图 6-2-12　对开式厚壁轴瓦

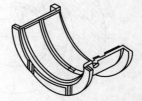

图 6-2-13　对开式薄壁轴瓦

三、滑动轴承的油孔及油槽

为了把润滑油导入整个摩擦面间，轴瓦或轴颈上须开设油孔或油槽。对于液体动压径向轴承，有轴向油槽和周向油槽两种形式。

轴向油槽分为单轴向油槽及双轴向油槽。对于整体式径向轴承，轴颈单向旋转时，载荷方向变化不大，单轴向油槽最好开在最大油膜厚度位置（图 6-2-14），以保证润滑油从压力最小的地方输入轴承。对开式径向轴承，常把轴向油槽开在轴承剖分面处（剖分面与载荷作用线成 90°），如果轴颈双向旋转，可在轴承剖分面上开设双轴向油槽（图 6-2-15），通常轴向油槽应较轴承宽度稍短，以便在轴瓦两端留出封油面，防止润滑油从端部大量流失。

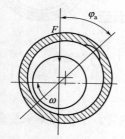
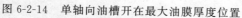
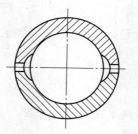
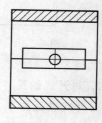

图 6-2-14　单轴向油槽开在最大油膜厚度位置　　　图 6-2-15　双轴向油槽开在轴承剖分面上

周向油槽适用于载荷方向变动范围超过 180° 的场合，它常设在轴承宽度中部，把轴承分为两个独立部分。当宽度相同时，设有周向油槽轴承的承载能力低于设有轴向油槽的轴承，见图 6-2-16。

对于不完全液体润滑径向轴承，常用油槽形状见图 6-2-17，设计时，可以将油槽从非承载区延伸到承载区。

四、滑动轴承材料

1. 轴承合金

轴承合金（通称巴氏合金或白合金）是锡、铅、锑、铜的合金，它以锡或铅作软基体，其内含有锑锡（Sb-Sn）或铜锡（Cu-Sn）的硬晶粒。硬晶粒起抗磨作用，软基体则增加材

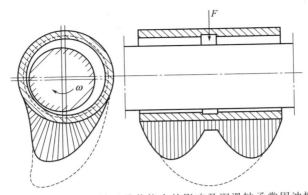

图 6-2-16　周向油槽对轴承承载能力的影响及润滑轴承常用油槽形状

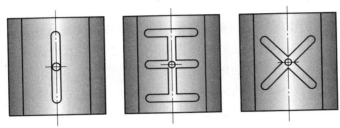

图 6-2-17　不完全液体润滑轴承常用油槽形状

料的塑性。轴承合金的弹性模量和弹性极限都很低，在所有轴承材料中，它的嵌入性及摩擦顺应性最好，很容易和轴颈磨合，也不易与轴颈发生咬黏。但轴承合金的强度很低，不能单独制作轴瓦，只能贴附在青铜、钢或铸铁轴瓦上作轴承衬。轴承合金适用于重载、中高速场合，价格较贵。

2. 铜合金

铜合金具有较高的强度，较好的减摩性和耐磨性。由于青铜的减摩性比黄铜好，故青铜是最常用的材料。青铜有锡青铜、铅青铜和铝青铜等几种，其中锡青铜的减摩性和耐磨性最好，应用较广，但锡青铜比轴承合金硬度高，磨合性及嵌入性差。适用于重载及中速场合。铅青铜抗黏附能力强，适用于高速、重载轴承。铝青铜的强度及硬度较高，抗黏附能力较差，适用于低速、重载轴承。

3. 铝基轴承合金

铝基轴承合金有相当好的耐蚀性和较高的疲劳强度，摩擦性能亦较好，这些品质使铝基轴承合金在部分领域取代了较贵的轴承合金和青铜。铝基轴承合金可以制成单金属零件（如轴套、轴承等），也可制成双金属零件，双金属轴瓦以铝基轴承合金为轴承衬，以钢作背衬。

4. 灰铸铁及耐磨铸铁

普通灰铸铁、加有镍、铬、钛等合金成分的耐磨灰铸铁或者球墨铸铁，都可以用作轴承材料。这类材料中的片状或球状石墨在材料表面上覆盖后，可以形成一层起润滑作用的石墨层，故具有一定的减摩性和耐磨性。此外，石墨能吸附碳氢化合物，有助于提高边界润滑性能，故采用灰铸铁作轴承材料时，应加润滑油。由于铸铁性脆、磨合性差，故只适用于轻载低速和不受冲击载荷的场合。

5. 多孔质金属材料

多孔质金属材料是不同金属粉末经压制、烧结而成的轴承材料。这种材料是多孔结构的，孔隙占体积的 $10\%\sim35\%$。使用前先把轴瓦在热油中浸渍数小时，使孔隙中充满润滑油，因而通常把这种材料制成的轴承叫含油轴承，它具有自润滑性。工作时，由于轴颈转动的抽吸作用及轴承发热时油的膨胀作用，油便进入摩擦表面间起润滑作用，不工作时，因毛细管作用，油便被吸回轴承内部，故在相当长时间内，即使不加润滑油仍能很好地工作。如果定期给以供油，则使用效果更佳。但由于其韧性较小，故宜用于平稳无冲击载荷及中低速的情况。

五、滑动轴承常见润滑类型

滑动轴承的润滑主要有流体动压润滑和流体静压润滑两类。

1. 流体动压润滑

流体动压润滑也称为流体动力润滑，是指当轴颈旋转将润滑油带入轴承摩擦表面时，由于润滑油的黏性作用，当达到足够高的旋转速度时，润滑油就被带入轴和轴瓦配合面间的楔形间隙内而形成流体动压效应，即在承载区内的油膜中产生压力。当压力与外载荷平衡时，轴与轴瓦之间形成稳定的油膜，从而实现流体动力润滑。正常运转时，轴颈和轴瓦被一层油膜完全隔开，见图 6-2-18。

流体动压润滑的轴承在静止或低速状态下往往无法形成具有足够压力的油膜，因此出现半干摩擦，产生表面磨损或其他损伤，寿命缩短。

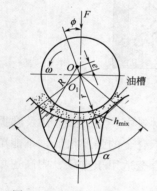

图 6-2-18　液体动压径向
轴承工作原理

2. 流体静压润滑

流体静压润滑又称为外供压润滑，是利用外部的供油装置，将具有一定压力的润滑油输送到轴承中去，在轴承油腔内形成具有足够压力的润滑油膜，将所支承的轴或滑动导轨面等运动件浮起，承受外力作用的润滑方式。因此，运动件在静止状态直至在很高的速度范围内都能承受外力作用，这是流体静压润滑的主要特点。

流体静压润滑分为定压供油和定量供油两种。定压供油系统供油压力恒定，压力大小由溢流阀调节，集中由一个泵向各节流器供油，再分别送入各油腔，见图 6-2-19，依靠油液流过节流器时流量变化而产生的压力降调节各油腔的压力以适应载荷的改变。定量供油系统各油腔的油量恒定，随油膜厚度变化自动调节油腔压力来适应载荷的变化。

六、润滑油的过滤

任何润滑系统，在运行过程中都会不断地受到外界污染物的侵入，同时系统内部又不断地产生污染物。油液在密闭的系统中循环，看似不与外界接触，然而外界污染颗粒可从多方面侵入系统中。未密封的油箱盖、油箱上的呼吸口、油缸活塞杆等均暴露在环境很脏的空气中；活塞杆每动一次就会带入一次污染颗粒，动作次数愈多，带入的污染颗粒也愈多；此外在检修时拆卸的部位也会被污染物侵入；系统内部由于元件的磨损，会产生磨损颗粒，油液老化，会产生胶状油泥和有害的物质腐蚀金属。为了保证系统的正常运行，必须采取有效的

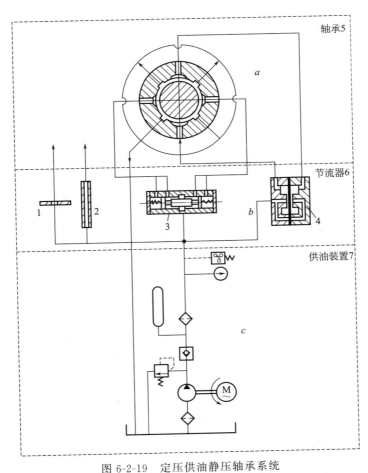

图 6-2-19　定压供油静压轴承系统

1—小孔节流器；2—毛细管节流器；3—滑阀反馈节流器；4—薄膜反馈节流器；

5—径向推力轴承；6—节流器；7—供油装置

过滤系统，以提高系统油液的清洁度。常用于液压系统的过滤器结构如图 6-2-20 所示。

设备润滑"五定"与"三过滤"是总结多年来润滑技术管理的实践经验提出的，它把日常润滑技术管理工作规范化、制度化，内容精练、简明易记。贯彻与实施设备润滑"五定"与"三过滤"是搞好设备润滑工作的重要保证。

1. 润滑"五定"

所谓"五定"是指定点、定质、定量、定期、定人。

（1）定点　根据润滑卡片上指定的润滑部位、润滑点和检查点（如油标、窥视孔），实施定点加油、添油和换油，并检查油面高度和供油情况。

（2）定质　按照润滑图表上规定的润滑油脂品种、牌号用油。润滑装置和加油器具保持清洁，向设备润滑点加油要经过过滤，大型的润滑和液压系统应使用精密滤油车加油，以清除油液中的固体污染物并防止环境中的粉尘污

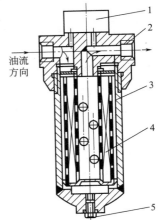

图 6-2-20　过滤器结构

1—压差报警装置；2—头部；3—壳体；

4—滤芯；5—排污螺栓

染油品。

（3）定量　在保证良好润滑的基础上，实行日常耗油量定额。做好添油、加油和换油时的数量控制，做好废油回收和治理设备漏油，防止浪费。

（4）定期　按润滑图表和卡片上规定的周期进行添油、加油和换油。对贮量大的油箱定期进行油样化验，根据检验结果确定清洗换油、循环过滤或延长使用期，以及下次抽验或换油时间。

（5）定人　按润滑图表上的规定，明确操作工、维修工、润滑工对设备日常加油、添油、清洗换油、抽样化验等工作的分工。

操作工负责每班、每周或经常用手动润滑泵为润滑点加油（脂），及开关滴油杯、旋拧压注润滑脂杯、监视润滑系统和油杯油流情况及油位等。

润滑工负责为贮油箱定期加油，清洗换油，往电动、手动润滑泵容器内添加油脂，为输送链、输送带等共用设备定期加注油脂，按计划取油样送检。

维修工负责润滑装置与滤油器的修理、清洗与更换，大修与检修中拆卸部位的清洗换油脂及治理漏油等。

2. 润滑油"三过滤"

润滑油"三过滤"，也称"三级过滤"。是为了减少油液中的杂质含量，防止尘屑等杂质随油进入设备摩擦面而采取的措施。它包括入库过滤、发放过滤、加油过滤。

（1）入库过滤　油液经过输入车，泵入油罐贮存时，必须经过严格过滤。

（2）发放过滤　油液注入润滑容器时要经过过滤。

（3）加油过滤　油液加入设备储油部位时必须经过过滤。

活动 1　辨认滑动轴承并阐述润滑原理

1. 明确工作任务

① 辨认滑动轴承，指出各部分名称。

② 阐述滑动轴承的润滑类型与润滑原理。

2. 组织分工

学生 2～3 人为一组，按照任务要求分工，明确各自职责。

序号	人员	职责
1		
2		
3		

活动 2　现场清洁

① 物品、器具分类摆放整齐，无没用的物件。
② 清扫操作区域，保持工作场所干净、整洁。
③ 产生的废弃物品，统一回收到垃圾桶，不可随意丢弃。
④ 关闭水电气和门窗，最后离开教室的学生锁好门锁。

活动 3　撰写总结报告

　　回顾滑动轴承与润滑认知过程，每人写一份总结报告，内容包括心得体会、团队完成情况、个人参与情况、做得好的地方、尚需改进的地方等。

考核评价

① 学生以小组为单位，按照任务要求，进行自查、互评与总结。
② 教师参照评分标准进行考核评价。
③ 师生总结评价，改进不足，将来在学习或工作中做得更好。

序号	考核项目	考核内容	配分/分	得分/分
1	技能训练	辨认滑动轴承与结构齐全、正确	25	
		润滑类型、润滑原理阐述准确、完整	25	
		实训报告全面、体会深刻	15	
2	求知态度	求真求是、主动探索	5	
		执着专注、追求卓越	5	
3	安全意识	着装和个人防护用品穿戴正确	5	
		爱护工器具、机械设备,文明操作	5	
		如发生人为的操作安全事故、设备人为损坏、伤人等情况,安全意识不得分		
4	团结协作	分工明确、团队合作能力	3	
		沟通交流恰当,文明礼貌、尊重他人	2	
		自主参与程度、主动性	2	
5	现场整理	劳动主动性、积极性	3	
		保持现场环境整齐、清洁、有序	5	

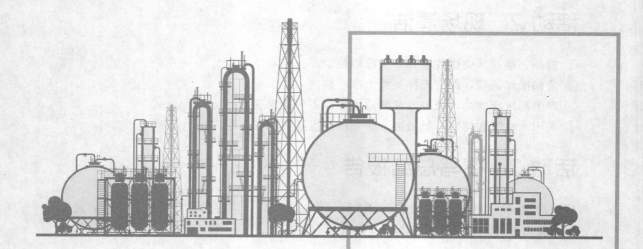

模块七

非接触密封

任务一
间隙节流密封

学习目标

1. 能力目标

　　① 能辨认机泵上的间隙密封、迷宫密封和浮环密封结构。

　　② 能阐述密封环间隙密封、浮环密封和迷宫密封的密封原理。

2. 素质目标

　　① 通过规范学生的着装、工具使用、文明操作等，培养学生的安全意识。

　　② 通过信息收集、小组讨论、练习、考核等教学活动，培养学生追求卓越的工匠精神、主动探索的科学精神和团结协作的职业精神。

　　③ 通过实训场地的整理、整顿、清扫、清洁，培养学生的劳动精神。

3. 知识目标

　　① 掌握密封环、浮动环和迷宫密封的结构与特点。

　　② 掌握密封环、浮动环和迷宫密封的密封原理。

任务描述

　　固定环间隙密封、浮动环密封和迷宫密封一般为流阻型非接触动密封，都是依靠微小环形间隙节流的流体静压效应，达到减少泄漏的作用。

　　作为检修车间的技术人员，请熟知离心泵常用的密封环密封和压缩机常用的浮环密封、迷宫密封相关知识。

一、固定环间隙密封

1. 固定环密封原理

如图 7-1-1 所示的普通固定衬套（固定环）密封即为一典型的间隙密封，流体通过衬套与轴的微小间隙 h 流动时，由于流体的黏性摩擦作用而实现降压密封的目的。固定衬套密封设计简单，安装容易，价格低廉，但由于长度较大，必须具有较大的间隙以避免轴的偏转、跳动等因素引起轴与衬套的固体接触，从而具有较大的泄漏率。固定衬套密封常用作低压离心机轴端密封、离心泵密封环密封、离心泵密封腔底部的衬套密封、高压柱塞泵背压套筒密封等。

2. 密封环

密封环（又称口环或耐磨环）装于离心泵叶轮入口的外缘及泵体内壁与叶轮入口对应的位置，如图 7-1-2 所示。两环之间有一定的间隙量，径向运转间隙用来限制泵内的液体由高压区（压出室）向低压区（吸入室）回流，提高泵的容积效率。泵体内部应当装有可更换的密封环。叶轮应当有整体的耐磨表面或可更换的密封环，离心式化工流程泵应采用可更换的密封环，且密封环应用紧配合定位，并用锁紧销或骑缝螺钉或通过点焊来定位（轴向或径向）。

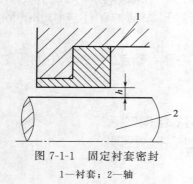

图 7-1-1 固定衬套密封
1—衬套；2—轴

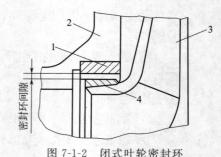

图 7-1-2 闭式叶轮密封环
1—泵体密封环；2—泵体；3—叶轮；4—叶轮密封环

密封环的结构形式有平环式、直角式和迷宫式三种，如图 7-1-3 所示。平环式结构简单，制造方便，但是密封效果差，由于泄漏的液体具有相当大的速度并以垂直方向流入液体

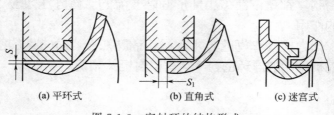

(a) 平环式　　　　　(b) 直角式　　　　　(c) 迷宫式

图 7-1-3 密封环的结构形式

主流,因而产生较大的涡流和冲击损失,这种密封环的径向间隙 S 一般在 $0.1\sim0.2\text{mm}$。直角式密封环的轴向间隙 S_1 比径向间隙大得多,一般在 $3\sim7\text{mm}$,由于泄漏的液体在转 90°之后其速度将降低,因此造成的涡流和冲击损失小,密封效果也较平环式更好。迷宫式密封环由于增加了密封间隙的沿程阻力,因而密封效果好,但是结构复杂,制造困难,在一般离心泵中很少采用。

密封环的磨损会使泵的效率降低,当密封间隙超过规定值时应及时更换。密封环应采用耐磨材料制造,常用材料有铸铁、青铜、淬硬铬钢、蒙乃尔合金、非金属耐磨材料、硬质合金等。

二、浮环密封

1. 浮环密封原理

浮环密封通过允许衬套浮动,可将衬套与轴的间隙设计得很小,既避免密封套与轴的固体接触,又增大了流体通过缝隙的节流效应,降低了泄漏量,见图 7-1-4。如果装置运转良好,可以做到"绝对密封",所以特别适用于易燃、易爆或有毒气体(如氨气、甲烷、丙烷、石油气等)的密封,它在现代密封技术中占有重要地位。

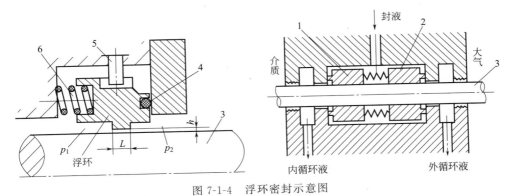

图 7-1-4 浮环密封示意图
1—内侧浮环;2—外侧浮环;3—转轴;4—O形密封圈;5—防转销;6—弹簧

浮环密封主要由内、外侧浮环组成,浮环与轴之间留有给定间隙,考虑到轴和浮动环的相对热膨胀,径向间隙 h 一般为 $10\sim20\mu\text{m}$。浮动环的轴向长度 L 一般不超过 $5\sim10\text{mm}$。浮环在弹簧的预紧力作用下,端面通过 O 形密封圈与密封盒壁面贴紧,浮动环可以沿径向自由移动,但受定位销钉的限制不能转动。

密封液体从进油口注入后,通过浮环和轴之间的狭窄间隙,沿轴向左右两端流动,密封液体的压力应严格控制在比被密封气相介质压力高 0.05MPa 左右。因为封液压力高于介质压力,通过内侧浮环(又称高压侧浮环)间隙的液膜阻止介质向外泄漏,经过外侧浮环(又称低压侧浮环)间隙的封液因节流作用降低了压力后流入大气侧,因外侧密封间隙中的压力降较大,显然它的轴向长度比内侧浮环要长些,压力差很大时,可用多个外侧浮环或采用与内侧浮环不同的间隙。流入的可直接回贮液箱,以便循环使用。流入大气侧(低压端)的封液通过外侧浮环经回液管排至回液箱,这部分封液没有与密封气相介质接触,故是干净的,称为外回环液。通过内侧浮环间隙的封液与压缩机内部泄漏的工作气体混合,这部分封液要经过油气分离器将气体分离出去后再回贮液箱,经冷却、过滤后再循环使用,这部分封液称为内回环液。

浮环密封的原理是靠高压密封液在浮环与轴套之间形成液膜，产生节流降压，阻止高压气体向低压侧泄漏。浮升性是浮环的宝贵特性，液体通过环与轴间的楔形间隙内时，如同轴承那样产生流体动压效应而获得浮升力。轴不转动时，由于环自身重力作用，环内壁贴在轴上，并形成一偏心间隙。当轴转动时，轴表面将密封液牵连带入偏心的楔形间隙内，在楔形间隙内产生流体动压效应，使环浮动抬升，环内壁脱离轴表面而变成非接触状态，见图 7-1-5。

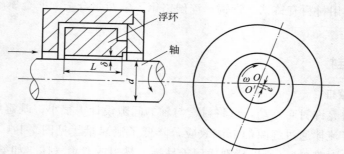

图 7-1-5　浮环的浮升性能

浮升性使浮环具有自动对中作用，能适应轴运动的偏摆等，避免轴与环间出现固相摩擦。浮升性还可使环与轴的间隙变小，以增强节流产生的阻力，改善密封性能。

由于浮环密封主要依靠液膜工作，故又称为油膜密封。封液通常采用矿物油（如 22 号、30 号透平油），也可用脱氧软化水等。但必须注意封液与被密封介质互相应该是相容的，不至于发生有害的物理、化学作用。矿物油常用作液封，因它具有良好的润滑性和适宜的黏性，但是压缩机工作介质是硫化氢或含硫化氢量较大的气体时，因硫化氢可溶于矿物油而污染封油，则不能采用矿物油，而用水作封液。

2. 浮环密封的特点

① 浮环具有宽广的密封工作参数范围。在离心式压缩机中应用，工作线速度为 40～90m/s，工作压力可达 32MPa。在超高压往复泵中应用，工作压力可达 980MPa。工作温度为 −100～200℃。

② 浮环密封在各种动密封中是最典型的高参数密封，具有很高的工况 pv 值，可高达 2500～2800MPa·m/s。

③ 浮环密封利用自身的密封系统，将气相条件转换为液相条件，因而特别适用于气相介质。

④ 浮环密封对大气环境为"零泄漏"密封。依靠密封液的隔离作用，确保气相介质不向大气环境泄漏。各种易燃、易爆、有毒、贵重介质，采用浮环密封是适宜的。

⑤ 浮环密封性能稳定、工作可靠、寿命达一年以上。

⑥ 浮环密封的非接触工况，泄漏量大。内漏量（左右两端）约为 200L/d，外漏量为 15～200L/min。当然，浮环的泄漏量，本质上应视为循环量，它与机械密封的泄漏量有区别。

⑦ 浮环密封需要复杂的辅助密封系统，因而增加了它的技术复杂性和设备成本。

⑧ 浮环密封是价格昂贵的密封装置。它的成本要占整台离心式压缩机成本的 1/4～1/3。

3. 浮环密封的材料

浮环材料应保证摩擦面的必要精度和表面粗糙度，以及尺寸的稳定性（完好性）。浮环和轴的材料都应具有相近的线膨胀系数、良好的抗抓伤性能、很高的耐磨性以及化学稳定性、耐腐蚀性和抗冲蚀性。

油浮环常采用碳钢或黄铜，内孔壁面浇注巴氏合金，亦可采用锡青铜，内孔壁面镀银，或采用有自润滑特性的浸树脂石墨。油浮环的轴或轴套用 38CrMoAl 表面氮化、碳钢镀硬铬、蒙乃尔合金轴套喷硼化铬、2Cr13 轴套等离子氮化。

水浮环常采用青铜、38CrMoAl 表面氮化、沉淀硬化不锈钢、不锈钢堆焊钴铬钨。水浮环的轴或轴套采用碳钢镀铬或不锈钢。

4. 浮环密封的封油系统

封油系统是浮环密封的命脉，对浮环的稳定性、可靠性有决定性的影响。封油系统的主要作用在于向浮环提供隔离（用封液去封堵隔离气相介质）、冷却（带走摩擦热）和润滑（把气相转化为液相润滑条件）。有些封油系统的气相介质对封油不产生污染，可作压缩机主机的润滑系统，对主机轴承、变速箱等提供润滑。

某化工厂延迟焦化富气压缩机高压段密封采用浮环密封形式，流程见图 7-1-6。为了减少密封油的污染，必须注入阻塞气（干气或氮气），所以需设置密封油和密封气控制系统，这就增加了浮环密封的技术复杂性和设备成本，浮环密封是价格最贵的密封装置。

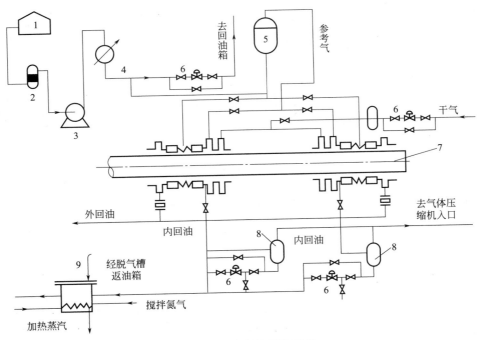

图 7-1-6　密封油示意流程

1—密封油油箱；2—过滤器；3—泵；4—冷却器；5—密封油高位罐；6—压力调节阀组；
7—气体压缩机；8—油气分离器；9—脱气槽

三、迷宫密封

迷宫密封也称梳齿密封，主要用于密封气体介质，在汽轮机、燃气轮机、离心式压缩机、鼓风机等机器中作为级间密封和轴端密封，或其他动密封的前置密封。迷宫密封还可作为防尘密封的一种结构形式，用于密封油脂和润滑油等，以防灰尘进入。

1. 迷宫密封的结构

迷宫密封是由一系列节流齿隙和膨胀空腔构成的，其结构形式主要有以下几种。

（1）曲折形　图 7-1-7 为几种常用的曲折形迷宫密封结构。图 7-1-7（a）为整体式曲折形迷宫密封，当密封处的径向尺寸较小时，可做成这种形式，但加工困难。这种密封相邻两齿间的间距较大，一般为 5~6mm，因而使这种形式的迷宫所需轴向尺寸较长。图 7-1-7（b）~（d）为镶嵌式的曲折密封，其中以图 7-1-7（d）形式密封效果最好，但因加工及装配要求较高，应用不普遍。在离心式压缩机中广泛采用的是图 7-1-7（b）及图 7-1-7（c）形式的镶嵌曲折密封，这两种形式的密封效果也比较好，其中图 7-1-7（c）比图 7-1-7（b）所占轴向尺寸较小。

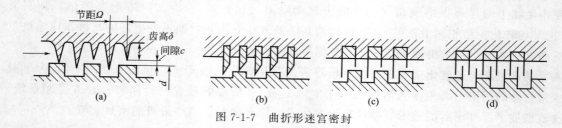

图 7-1-7　曲折形迷宫密封

（2）平滑形　如图 7-1-8（a）所示，为制造方便，密封段的轴颈也可做成光轴，密封体上车有梳齿或者镶嵌有齿片。这种平滑形的迷宫密封结构很简单，但密封效果较曲折形差。

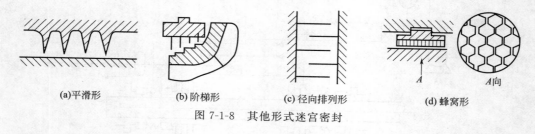

(a)平滑形　　(b)阶梯形　　(c)径向排列形　　(d)蜂窝形

图 7-1-8　其他形式迷宫密封

（3）阶梯形　如图 7-1-8（b）所示，这种形式的密封效果也优于平滑形，常用于叶轮轮盖的密封，一般有 3~5 个密封齿。

（4）径向排列形　有时为了节省迷宫密封的轴向尺寸，还采用密封片径向排列的形式，如图 7-1-8（c）所示，其密封效果很好。

（5）蜂窝形　如图 7-1-8（d）所示，它是用 0.2mm 厚不锈钢片焊成一个外表面像蜂窝状的圆筒形密封环，固定在密封体的内圆面上，与轴之间有一定间隙，常用于平衡盘外缘与机壳间的密封。这种密封结构可密封较大压差的气体，但加工工艺稍复杂。

迷宫密封的密封齿结构形式有密封片和密封环两种，如图 7-1-9 所示，其中图 7-1-9（a）、（b）为密封片式，图 7-1-9（c）为密封环式。图 7-1-9（a）中密封片用不锈钢丝嵌在转子上的狭槽中，而图 7-1-9（b）中转子和机壳上都嵌有密封片，其密封效果比图 7-1-9（a）好，但转子上的密封片有时会被离心力甩出。密封片式的主要特点是：结构紧凑，相碰时密封片能向两旁弯折，减少摩擦；拆换方便；但若装配不好，有时会被气流吹倒。密封环式的密封环由 6~8 块扇形块组成，装入机壳的槽中，用弹簧片将每块环压紧在机壳上。密封环式的主要特点是：轴与环相碰时，齿环自行弹开，避免摩擦；结构尺寸较大，加工复杂；齿磨损后要将整块密封环调换，因此应用不及密封片结构广泛。

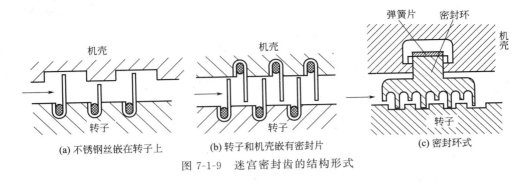

图 7-1-9　迷宫密封齿的结构形式

2. 迷宫密封的工作原理

迷宫密封的工作原理如图 7-1-10 所示。气流通过节流齿隙时加速降压，近似于绝热膨胀过程。气流从齿隙进入密封片空腔时，通流面积突然扩大，气流形成很强的旋涡，从而使速度几乎完全消失，变成热能损失，即气流在空腔中进行等压膨胀过程，压力不变而温度升高。由于齿隙中气流的部分静压头转变为动压头，故压力比齿隙前空腔中的低。在齿隙后的空腔中，气流速度虽下降，但压力并不增加，因此相邻的两个空腔有压差（其值即为气流流过齿隙时所产生的压降）。

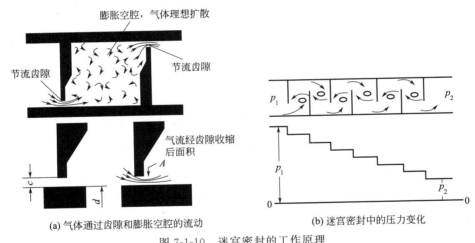

(a) 气体通过齿隙和膨胀空腔的流动　　　(b) 迷宫密封中的压力变化

图 7-1-10　迷宫密封的工作原理

由上可知，迷宫密封的基本原理是在密封处形成流动阻力极大的一段流道，当有少量气流流过时，即产生一定的压力降。因而，迷宫密封的特点是有一定的漏气量，并依靠气流经过密封装置所造成的压力降来平衡密封前后的压力差。增加迷宫级数可把泄漏量减小，但要做到完全不漏是困难的。

3. 迷宫密封片材料

在旋转的迷宫密封中，一般迷宫密封片装在静止元件上，为了防止高速转动时，由于转子振动等引起密封片与转子相碰而损坏转子，通常要求采用硬度低于转子的密封片材料，如铝、铜等。原则上材料配对是一硬一软；如果采用了硬梳齿（如整体制造的梳齿），则采用软材料衬套；如果采用硬材料衬套，则装配软材料密封片，以免摩擦生热或产生火花引起烧损或爆炸。

密封片可以用厚 0.15～0.2mm 的金属带制成，可以采用黄铜或镍，用红铜丝梯形槽敛缝。有时可以直接做在轴套上，而外套用石墨制成，间隙为滑动轴承间隙的 17％～25％。运行前在低速下跑合。迷宫密封材料主要根据密封的结构、工作压力、温度和介质来选择。压力低时用铸铝（ZL103）、铸铜（ZQSn6-6-3），高压时用硬质铝板（LY12），腐蚀气体可用不锈钢，氨气不能用铜材。

活动 1   认识间隙节流密封

1. 明确工作任务

① 指认单级单吸 IS 化工离心泵的密封环，说出其作用，测出实际密封间隙。

② 某化工厂催化裂化装置用离心式压缩机轴端密封如图 7-1-11 所示，以防止机内气体逸出或空气吸入机内。指出该轴端密封采取了哪些密封形式，试阐述其密封原理。

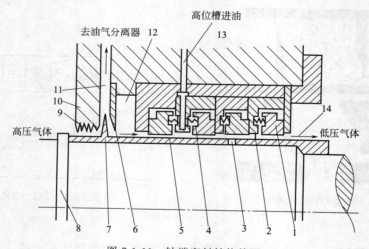

图 7-1-11   轴端密封结构简图

1—浮环；2—L 形固定环；3—销钉；4—弹簧；5—轴套；6—挡油环；7—甩油环；8—轴；9—高压侧预密封梳齿；10—梳齿座；11—高压侧回油孔；12—空腔；13—进油孔；14—低压侧回油空腔

2. 组织分工

学生 2～3 人为一组，按照任务要求分工，明确各自职责。

序号	人员	职责
1		
2		
3		

活动 2　现场清洁

① 物品、器具分类摆放整齐，无没用的物件。
② 清扫操作区域，保持工作场所干净、整洁。
③ 产生的废弃物品，统一回收到垃圾桶，不可随意丢弃。
④ 关闭水电气和门窗，最后离开教室的学生锁好门锁。

活动 3　撰写总结报告

回顾间隙节流密封认知过程，每人写一份总结报告，内容包括学习心得、团队完成情况、个人参与情况、做得好的地方、尚需改进的地方等。

① 学生以小组为单位，按照任务要求，进行自查、互评与总结。
② 教师参照评分标准进行考核评价。
③ 师生总结评价，改进不足，将来在学习或工作中做得更好。

序号	考核项目	考核内容	配分/分	得分/分
1	技能训练	密封环指认正确、作用描述准确	10	
		密封环间隙测量数据正确、测量过程规范	15	
		压缩机轴端密封的密封原理阐述准确,密封形式指认齐全、正确	30	
		实训报告全面、体会深刻	10	
2	求知态度	求真求是、主动探索	5	
		执着专注、追求卓越	5	
3	安全意识	着装和个人防护用品穿戴正确	5	
		爱护工器具、机械设备,文明操作	5	
		如发生人为的操作安全事故、设备人为损坏、伤人等情况,安全意识不得分		
4	团结协作	分工明确、团队合作能力	3	
		沟通交流恰当,文明礼貌、尊重他人	2	
		自主参与程度、主动性	2	
5	现场整理	劳动主动性、积极性	3	
		保持现场环境整齐、清洁、有序	5	

任务二
动力密封

学习目标

1. 能力目标
① 能阐述背叶片和副叶轮密封的工作原理。
② 能根据螺纹方向和转向，判断螺旋密封的赶流方向。

2. 素质目标
① 通过规范学生的着装、工具使用、文明操作等，培养学生的安全意识。
② 通过信息收集、小组讨论、练习、考核等教学活动，培养学生追求卓越的工匠精神、主动探索的科学精神和团结协作的职业精神。
③ 通过实训场地的整理、整顿、清扫、清洁，培养学生的劳动精神。

3. 知识目标
① 掌握离心密封的典型结构与工作原理。
② 掌握螺旋密封的工作原理与特点。

任务描述

动力密封是近几十年发展起来的一种新型转轴密封形式，已成功地应用于许多苛刻条件下（如高速、高温、强腐蚀、含固体颗粒等）的液体介质密封。

动力密封原理是在泄漏部位增设一个或几个做功元件，工作时依靠做功元件对泄漏液做功所产生的压力将泄漏液堵住或将其顶回去，从而阻止液体泄漏。动力密封目前应用较多的主要有两种形式：离心密封和螺旋密封。

作为检修车间的技术人员，请掌握动力密封相关知识。

一、离心密封工作原理

离心密封是利用所增设的做功元件旋转时所产生的离心力来防止泄漏的装置。在离心泵的轴封中，离心密封主要有两种形式：背叶片密封和副叶轮密封。两者密封原理相同，所不同的只是所增设的做功元件不同。背叶片只增设一个做功元件（背叶片），而副叶轮密封增设两个做功元件（背叶片和副叶轮）。

副叶轮密封装置通常由背叶片、副叶轮、固定导叶和停车密封等组成，如图 7-2-1 所示。

所谓背叶片就是在叶轮的后盖板上做几个径向或弯曲筋条。当叶轮工作时，依靠叶轮带动液体旋转时所产生的离心力将液体抛向叶轮出口，由于叶轮和泵壳之间存在一定间隙，在叶轮无背叶片的情况下，具有一定压力的出口液体必然会通过此间隙产生泄漏流动，即从叶轮出口处的高压侧向低压侧轴封处流动而引起泄漏。设置背叶片后，由于背叶片的作用，这部分泄漏液体也会受到离心力作用而产生反向离心压力来阻止泄漏液向轴封处流动。背叶片除可阻止泄漏外，还可以降低后泵腔的压力和阻挡（或减少）固体颗粒进入轴封区，故常用于化工泵和杂质泵上。

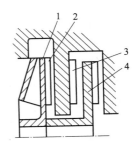

图 7-2-1　副叶轮密封装置
1—叶轮；2—背叶片；3—固定
导叶；4—副叶轮

常见的副叶轮多是一个半开式离心叶轮，所产生的离心压力也是起封堵输送介质的逆压作用。

固定导叶的作用是消除液体的旋转。在无固定导叶时，副叶轮光背侧的液体以角速度旋转，压力呈抛物线规律分布，副叶轮光背侧轮毂区的压力小于副叶轮外径处的压力。如果有固定导叶，则可防止液体旋转，副叶轮光背侧下部的压力和副叶轮外径处的压力差不多，这就提高了副叶轮的封堵压力。

当背叶片与副叶轮产生的离心压力之和等于或大于叶轮出口压力时，便可封堵输送介质的泄漏，达到密封作用。

显然，背叶片和副叶轮只在泵运行时起密封作用，所以为防止泵停车后输送介质或封液泄漏，应配置停车密封，使之在泵转速降低或停车时，停车密封能及时投入工作，阻止泄漏，运行时，停车密封又能及时脱开，以免密封面磨损和耗能。

二、离心密封的特点

① 性能可靠，运转时无泄漏。离心密封为非接触型密封，主要密封件不存在机械相互磨损，只要耐介质腐蚀及耐磨损，就能保证周期运转，密封性能可靠无须维护。

② 平衡轴向力，降低静密封处的压力，减少泵壳与叶轮的磨损。

③ 功率消耗大，离心密封是靠背叶片及副叶轮产生反压头进行工作的，它势必要消耗

部分能量。

④ 仅在运转时密封，停车时需要另一套停车密封装置。

⑤ 副叶轮密封最适宜用于小轴径、高速度的单级离心泵。

三、螺旋密封工作原理

螺旋密封是利用螺杆送回工作介质的一种动密封，又称螺纹密封。螺旋密封是一种利用螺旋的反输送作用，压送一种黏性流体以阻止被密封的系统流体泄漏的非接触密封装置。所压送的起密封作用的黏性流体一般为液体，而被密封的流体可以是液体也可以是气体。

1. 普通螺旋密封

普通螺旋密封相当于一个螺杆容积泵，如图7-2-2(a) 所示，在轴上切出右螺纹，且从左向右看按逆时针方向旋转。此时，充满密封间隙的黏性流体犹如螺母沿螺杆松退情况一样，将被从右方推向左方，随着容积的不断缩小，压头逐步增高，这样建立起的密封压力与被密封流体的压力相平衡，从而阻止发生泄漏。这种流体动压反输型螺旋密封是依靠被密封液体的黏滞性产生压头来封住介质的，因此它又称作黏性密封。

螺旋密封可以用螺杆〔图7-2-2(a)〕，也可以用螺套〔图7-2-2(b)〕，可以采用右旋螺纹或左旋螺纹。

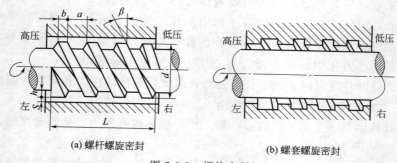

(a) 螺杆螺旋密封   (b) 螺套螺旋密封

图 7-2-2　螺旋密封

螺旋密封不仅可以做成单段的，也可以做成两段螺纹的。图7-2-3所示为双向增压式螺旋密封，在一端是右旋螺纹（大气侧），另一端是左旋螺纹（系统侧），中间引入封液。当轴旋转时（转向为右转），右旋螺纹将封液往右赶进，而左旋螺纹将封液往左赶进，这样两段泵送作用在封液处达到平衡，产生压力梯度，而泄漏量则实际上等于零。利用这种现象作为密封手段，用以防止系统流体通过间隙漏入大气中。这种形式密封，特别适合于利用黏性液体产生压力，以密封某些气体。

2. 螺旋迷宫密封

螺旋迷宫密封由旋向相反的螺套和螺杆组成，如图7-2-4所示。在螺杆与螺套之间的工作空间内，液体位于螺套两齿面所围成的若干蜂窝状的空间内，如图7-2-5所示。螺杆与螺套表面间的缝隙呈带凹槽的环形柱面。液体流过这些螺纹时形成旋涡，方向与流出方向相反。由于螺杆绕流与螺套绕流液体的动量交换结果，螺杆将能量传给液体。螺杆和螺套与液体相互作用，其结果在通过螺杆与螺套间隙的名义分界面上产生摩擦力。液体中产生的摩擦力就在螺杆与螺套表面上产生了压力。即当轴转动时，流体在旋向相反的螺纹间发生涡流摩

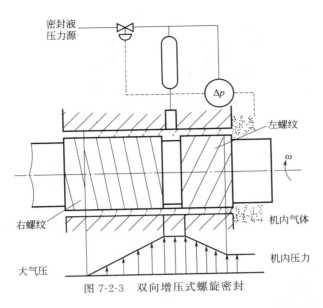

图 7-2-3 双向增压式螺旋密封

擦而产生压头，阻止泄漏。它相当于螺杆旋涡泵，能产生较高的压头，但与螺旋密封相反，它只适用于低黏度流体，因为黏度越高，越不易产生旋涡运动。

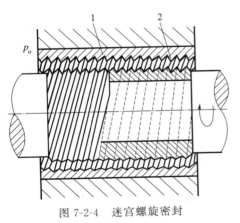

图 7-2-4 迷宫螺旋密封
1—螺套；2—螺杆

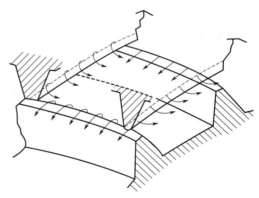

图 7-2-5 迷宫螺旋密封蜂窝体中旋涡的形成

四、螺旋密封特点

螺旋密封有下列特点：

① 螺旋密封是非接触型密封，并且允许有较大的密封间隙，不发生固相摩擦，工作寿命可长达数年之久，维护保养容易。

② 螺旋密封属于"动力型密封"，它依赖于消耗轴功率而建立密封状态。轴功率的一部分用来克服密封间隙内的摩擦，另一部分直接用于产生泵送压头，从而阻止介质泄漏。

③ 螺旋密封适合于气相介质条件，因为螺旋间隙内充满的黏性液体可将气相条件转化成液相条件。

④ 螺旋密封适合在低压条件下工作（压力小于 1～2MPa）。这时的气相介质泄漏量小，

封液（即黏性液体）可达到零泄漏，封液不需循环冷却，结构简单。

⑤ 螺旋密封不适合在高压条件下（压力不宜大于 2.5～3.5MPa）。因为这时为了提泵送压头，势必增大螺旋尺寸，并且封液需要外循环冷却，结构复杂。

⑥ 螺旋密封也不适合在高速条件（线速度大于 30m/s）下工作，因为这时封液受到剧烈搅拌，容易出现气液乳化现象。

⑦ 螺旋密封只有在旋转并达到一定转速后才起密封作用，并没有停车密封性能，需要另外配备停车密封装置。

⑧ 螺旋密封除作为离心泵和低压离心压缩机轴的密封外还可作为防尘密封使用。

⑨ 螺旋密封要求封液有一定黏度，且温度的变化对封液黏度影响不大，若被密封流体黏度高，也可作封液用。

对于螺旋密封的赶油方向要特别注意，若把方向搞错，则不但不能密封，相反，却把液体赶向漏出方向，使得泄漏量大为增加。

活动 1　认识动力密封

1. 明确工作任务

① 指出图 7-2-6 中离心泵结构存在的密封类型，阐述工作原理。

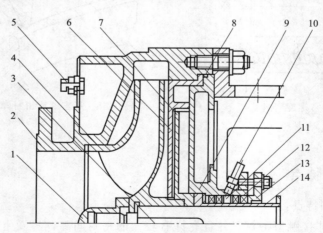

图 7-2-6　某离心泵部分结构

1—叶轮螺母；2—泵体部件；3—键；4—叶轮；5—管接头；6—隔板；7—副叶轮；8—O 形圈；
9—泵盖部件；10—胶管接头；11—填料环；12—填料；13—填料压盖；14—轴套

② 找出 IS 单级单吸化工离心泵叶轮的背叶片，说出其作用。

③ 某螺旋密封，螺杆螺纹右旋，且从左向右看按逆时针方向旋转，判断高压侧和低压侧位置以及赶流方向。

2. 组织分工

学生 2～3 人为一组，按照任务要求分工，明确各自职责。

序号	人员	职责
1		
2		
3		

活动 2　现场清洁

① 物品、器具分类摆放整齐，无没用的物件。

② 清扫操作区域，保持工作场所干净、整洁。

③ 产生的废弃物品，统一回收到垃圾桶，不可随意丢弃。

④ 关闭水电气和门窗，最后离开教室的学生锁好门锁。

活动 3　撰写总结报告

回顾动力密封认知过程，每人写一份总结报告，内容包括学习心得、团队完成情况、个人参与情况、做得好的地方、尚需改进的地方等。

① 学生以小组为单位，按照任务要求，进行自查、互评与总结。

② 教师参照评分标准进行考核评价。

③ 师生总结评价，改进不足，将来在学习或工作中做得更好。

序号	考核项目	考核内容	配分/分	得分/分
1	技能训练	密封类型判断准确、齐全	20	
		背叶片指认正确,作用阐述全面、详尽	15	
		高、低侧判断正确,赶流方向正确	20	
		实训报告全面、体会深刻	10	
2	求知态度	求真求是、主动探索	5	
		执着专注、追求卓越	5	
3	安全意识	着装和个人防护用品穿戴正确	5	
		爱护工器具、机械设备,文明操作	5	
		如发生人为的操作安全事故、设备人为损坏、伤人等情况,安全意识不得分		

化工设备检维修

序号	考核项目	考核内容	配分/分	得分/分
4	团结协作	分工明确、团队合作能力	3	
		沟通交流恰当,文明礼貌、尊重他人	2	
		自主参与程度、主动性	2	
5	现场整理	劳动主动性、积极性	3	
		保持现场环境整齐、清洁、有序	5	

任务三
气液膜机械密封

学习目标

1. 能力目标
　① 能识读气膜密封的结构图，并能阐述其工作过程。
　② 能阐述上游泵送密封的工作原理。
2. 素质目标
　① 通过规范学生的着装、工具使用、文明操作等，培养学生的安全意识。
　② 通过信息收集、小组讨论、练习、考核等教学活动，培养学生追求卓越的工匠精神、主动探索的科学精神和团结协作的职业精神。
　③ 通过实训场地的整理、整顿、清扫、清洁，培养学生的劳动精神。
3. 知识目标
　① 掌握干气密封的结构、工作原理与特点。
　② 掌握上游泵送密封的结构与工作原理。

任务描述

　　与普通接触式机械密封相比，非接触机械密封可实现被密封介质的零泄漏甚至零逸出（即工艺流体的液态泄漏量和气态逸出量等于零），彻底消除对环境的污染；同时，由于密封端面之间无直接的固体摩擦磨损而具有使用寿命大大延长、密封可靠性显著提高、运行维护费用显著下降、经济效益明显提高等优势，已在国内外各种旋转流体机械上推广应用。
　　化工生产因易燃、易爆、高温、高压等特点，经常使用气膜和液膜非接触机械密封。作为检修车间的技术人员，请掌握气液膜机械密封相关知识。

一、气膜密封

气膜密封是一种新型的、依靠微米级的气体薄膜润滑的非接触式机械密封，目前工程上广泛称之为干气密封。目前，在压缩机及特殊泵领域，气膜密封可替代迷宫密封、浮环密封及油润滑机械密封，得到广泛的应用。

1. 气膜密封的结构

图 7-3-1 为一典型的离心压缩机用螺旋槽气膜密封结构。该密封结构由转环 1，静环 2，弹簧 3，O 形环 4、5、8，轴 6 和组装套 7 组成。图 7-3-1(b) 所示为转环表面精细加工出的螺旋槽而后经研磨、抛光的密封端面。螺旋槽深为几微米，形状近似对数螺旋线。密封端面主要由流体动压槽（螺旋槽）、密封堰和密封坝三部分组成。其中，流体动压槽起着泵送作用，形成流体膜，产生流体膜承载能力（螺旋槽产生流体膜静、动压承载能力）；密封堰产生流体膜静、动压承载能力，阻止流体沿圆周方向的泄漏；密封坝产生流体膜静压承载能力，阻止流体沿半径方向的泄漏。

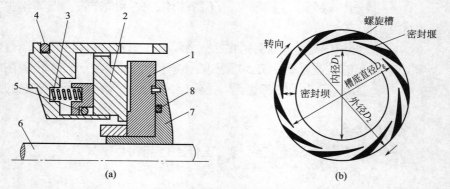

图 7-3-1　螺旋槽气膜密封结构

1—转环；2—静环；3—弹簧；4,5,8—O 形环；6—轴；7—组装套

2. 气膜密封的工作原理

气膜密封的组成与普通的接触式机械密封相同，主要的不同之处在于前者借助端面开设的流体动压螺旋槽，在旋转状态下所产生的流体动、静压效应，使两端面被一稳定的薄气膜分隔开而处于非接触运行状态。工作原理（见图 7-3-2）是动环旋转时，被密封的气体沿周向吸入螺旋槽内，由外径朝向中心，径向分量朝向密封堰流动，密封堰阻止气体流向中心，从而气体被压缩使压力升高，密封端面间隙得到动态稳定并形成一定厚度的气膜。密封端面平衡间隙（膜厚）一般在 $2 \sim 10 \mu m$ 之间。当压缩机停止回转时，弹簧将动环与静环闭合，两个环在压力坝处紧密接触，消除了密封间隙，从而实现了密封。

回转时密封端面间形成的间隙尽管很窄小，但间隙的存在必然会产生泄漏，因此为了将泄漏率减到最小，气体密封必须在最小的运转间隙下运行，以将泄漏率控制到最低限度。当由于某种原因引起密封端面运转间隙发生变动时，如气体压力波动、回转轴发生轴向运动，运转间隙会自动调整。如运转间隙增加时，则气体槽端部气体压力降低，在动环和静环外侧作用的气体力将迫使它们相互靠近，从而使运转间隙减小，恢复到原来的间隙；反之，当运转间隙减小时，则在气体槽端部的气体压力升高，该气体压力抵消了作用在两个环外侧的气体压力，从而将运转间隙恢复到原来的间隙。动环和静环之间的气膜必须有足够的刚度，以保证动环和静环在任何情况下不发生接触。

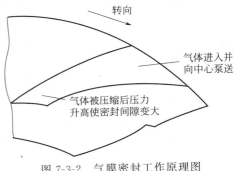

图 7-3-2　气膜密封工作原理图

3. 流体动压槽的结构形式

流体动压槽有多种形式，典型的单向槽与双向槽结构，见图 7-3-3。箭头表示轴的旋转方向。

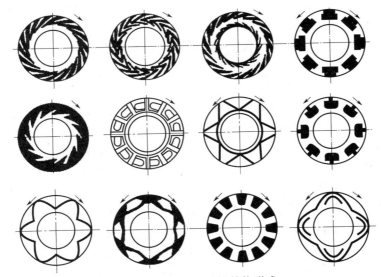

图 7-3-3　流体动压槽结构形式

单向槽只允许轴向一个方向旋转，可采用具有较大流体动压效应的槽形结构，具有较大的流体动压效应和气膜稳定性。双向槽对轴的旋转方向无限制，并有降低流体动压效应的反作用槽。

槽与被密封的高压气体相通，而在低压侧由一密封坝截断。高压气体沿槽进入密封端面产生较大的流体静压力。同时由于密封环的相对旋转，槽的输送效应和台阶效应使气膜产生流体动压力并被进一步压缩，提高了端面间气膜的总压力，气体越过密封坝后急剧降压膨胀，最后到达低压侧作为泄漏量。未开槽密封坝的节流作用进一步提高气膜压力的同时，限制了泄漏量。密封端面由于气膜的流体静压力和流体动压力联合作用，使得两端面彼此分离成为非接触状态。气膜密封的弹簧力很小，主要目的是保证密封不受压时端面的贴合和密封在受到外界干扰时，端面具有良好的追随能力。

理论研究表明，气膜密封动压槽数量趋于无限时，动压效应最强。但当动压槽达到一定数量后，再增加槽数时，对气膜密封性能影响已经很小。此外，气膜密封动压槽宽度、动压槽长度对密封性能都有一定的影响。

4. 气膜密封的特点

与普通接触式机械密封相比，气膜机械密封具有以下特点：

① 零泄漏或零逸出（统称零逸出），实现环保功能。

② 密封可靠性大大提高，使用寿命相应延长。在理想工作状态下，由于密封摩擦副处于非接触状态，端面之间不存在直接的固体摩擦磨损，理论上使用寿命无限长。

③ 能耗明显下降，经济效益显著。工业应用结果表明，气膜密封的能耗不足普通接触式机械密封的1/20，而且，用于降低端面温升的密封冲洗液量和冷却水量大大减少，相应提高了泵效率甚至是工艺装置的生产效率。

④ 辅助系统相对简单。与双端面接触式机械密封相比，气膜密封装置无需复杂的封油供给、循环系统及与之相配的调控系统，只需供给洁净干燥的中性气体，其压力应高于密封介质的压力，但无须循环，消耗量也小。

⑤ 使用范围拓宽。与普通接触式机械密封相比，气膜密封可以在更高 pv 值、高含固体颗粒介质等条件下使用。

⑥ 气膜密封因端面间隙较大，气体泄漏量较大，但与其他非接触式密封（如迷宫密封）相比泄漏量是比较低的。

5. 非接触式气膜密封的结构类型

工业用非接触式密封主要有四种类型：单密封、串联密封、带中间迷宫的串联密封和双密封（背对背）。下面分别对这四种结构的特点和应用场合作一简要介绍。

（1）单密封　如图7-3-4所示，单密封由动环和静环组装件组成，气体密封的内侧为一迷宫密封，将气体密封和工艺气体隔离开来。清洁和干燥的密封气体（压力大于工艺气体）输入迷宫密封和气体密封之间，作为运转间隙的工作流体。大部分密封气体通过内迷宫密封流入压缩机或气体密封的工艺侧，而少量的密封气体作为密封泄漏流过气体密封从排气口排出，通常将其与工厂的火炬系统相连通。气体密封的外侧为一隔离密封，隔离气体（压力大于密封气体和大气压力）输入隔离密封内，将气体密封和压缩机轴的轴承腔隔开。隔离气体通常为氮气或空气。大约一半的隔离气体向内流动，与泄漏出来的密封气体一起从排气口排放；余下的一半隔离气体向外流入轴承腔。隔离密封的主要作用是防止润滑油进入气体密封。大部分隔离密封采用迷宫密封或剖分式碳环密封结构。

单密封通常仅用于低压、无危害或无危险性的工艺介质（如 CO_2）场合。相比下面的串联密封，单密封结构和支持系统较简单，占用轴向空间少，对压缩机转子质量增加不多，成本较低；

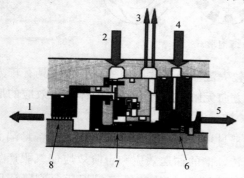

图7-3-4　单密封
1—工艺侧；2—密封气体；3—排气口；
4—隔离气体；5—轴承侧；6—隔离密封；7—气体密封；8—迷宫密封

而主要缺点是没有备用（安全）密封。

如密封气体含杂质，气体必须过滤后才能输送到密封腔，从而阻止杂质进入密封和流向工艺侧。

（2）串联密封　串联式气体密封是过程工业中最常用的一种类型。如图7-3-5所示，在串联密封中，前后放置的两个单密封组成两级密封，并集装成一体。在正常运行期间，一级密封与火炬或排放系统相通，故承担全部压力差；而二级密封分担很高的压力差，或作为一级密封的备用密封。

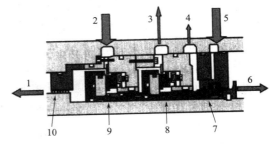

图 7-3-5　串联密封

1—工艺侧；2—密封气体；3——级排气口；4—二级排气口；5—隔离气体；6—轴承侧；7—隔离密封；8—二级气体密封；9——级气体密封；10—迷宫密封

和单密封一样，清洁和干燥的密封气体输入内迷宫密封和一级气体密封之间，少量泄漏的密封气体向一级排气口（火炬系统）排放，更少量的密封气体通过二级气体密封向二级排气口排放。而通过二级排气口的大部分气体是输入隔离密封的隔离气体。约一半的隔离气体从二级排气口排放，余下一半的隔离气体向外流向轴承腔。

串联密封是一种操作可靠性较高的气体密封结构，用于较高密封压力、有害的或有危险性介质场合。主要优点是因为增加了二级气体密封，从而为一级气体密封提供了安全密封，提高了压缩机运行的安全性。与单密封相比，串联密封的主要缺点是结构比较复杂，需要较复杂的支持系统，占用轴向空间多，增加压缩机转子质量较多，故价格也比单密封高。

（3）带中间迷宫的串联密封　如图7-3-6所示，此由一串联结构的密封组成，且在两级密封之间加一迷宫密封。同串联密封一样，一级密封承担总压力降，而二级密封作为备用密封。中间的迷宫密封作用是防止从一级密封泄漏出来气体流入二级排气口。为此，典型做法是在该迷宫密封后侧输入一惰性密封气体，该气体压力比一级排气口压力稍高，保证有连续气流通过迷宫密封流向一级排气口排放。因此，从一级排气口排放出来的气体是一级气

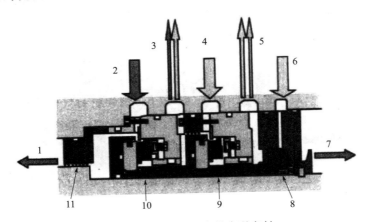

图 7-3-6　带中间迷宫的串联密封

1—工艺侧；2—密封气体；3——级排气口；4—惰性密封气体；5—二级排气口；6—隔离气体；7—轴承侧；8—隔离密封；9—二级气体密封；10——级气体密封；11—迷宫密封

体密封泄漏气体和通过迷宫密封泄漏出来的惰性密封气体的两者之和。同样，从二级排气口排放出来的气体是隔离密封泄漏的气体和通过二级气体密封泄漏出来的少量惰性密封气体之和。

带中间迷宫的串联气体密封主要用于不允许密封气体泄漏到二级排气口，而二级排气口通常与大气相通的场合。因此，对于氢气压缩机，硫化氢含量较高的天然气压缩机和乙烯、丙烯压缩机等，它提供了更安全和更友好的操作环境。这种密封与普通的串联气体密封相比，需要更多的轴向空间，也很难精确确定一级气体密封的泄漏量，缺点是需要更复杂的操作系统。

（4）双密封 如图7-3-7所示，双气体密封（背对背），除了两个密封背对背平列而不是串联工作外，结构上类似于串联气体密封。在内外两个气体密封之间输入比工艺气体压力稍高的惰性气体（如氮气），从内气体密封泄漏出来的气体通过内侧的迷宫密封流入压缩机的工艺侧，而外气体密封的泄漏气体流向隔离密封，与隔离气体从排气口一起排放。由于外气体密封泄漏的惰性气体很少，通过排气口排放的大部分气体是输入隔离密封的隔离气体。

为了避免压缩机内未经处理工艺气体与内气体密封接触和污染外气体密封，通常将清洁和干燥的冲洗气体输入内侧迷宫密封。冲洗气体是经过适当处理的上游流体，其压力比密封压力稍高，以保证它通过内侧迷宫密封向着压缩机工艺侧流动，减少对气体密封的污染，提高干气密封的可靠性。

背对背的双气体密封主要用于高要求的环境保护场合，必须消除所有工艺气体对周围环境的逸出，如石化生产中密封毒性和危险性工艺气体的压缩机。

背对背的双气体密封有许多优点：因为密封气体输入在两个端面相背的气体密封之间，所以密封气体总消耗量很低，仅相当两个密封泄漏量之和；其次，泄漏到工艺流体中的密封气体很少，相当于内气体密封的泄漏量，且泄漏到排气口的气体也很少，甚至可以就地排放。此外，由于没有一级排气口，从而简化了气体密封操作系统。

双气体密封也存在某些缺点：由于通过气体密封的密封气体流量很少，以致冷却功能有限，导致密封内部件过热和热变形。因此，它不能用于高的密封压力，一般不超过3MPa；其次，还受到高压惰性气体来源的制约；此外，对某些应用来说，流入压缩机的少量惰性气体对生产也许会有影响。

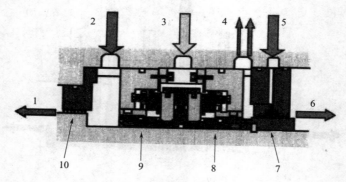

图7-3-7 双密封（背对背）

1—工艺侧；2—冲洗气体；3—惰性密封气体；4—排气口；5—隔离气体；6—轴承侧；
7—隔离密封；8—外气体密封；9—内气体密封；10—迷宫密封

二、液膜密封

液膜密封一般指全液膜润滑非接触式机械密封。气膜密封在气相环境中获得了成功应用，但具有气体泄漏率的特点，将它直接用于液相环境，将导致出现大量泄漏，而液膜密封能有效解决这一难题。

1. 液膜密封的结构及其工作原理

在液膜密封中，上游泵送机械密封（亦可称逆流泵机械密封）是其典型代表，如图 7-3-8。实际上，上游泵送密封的工作原理和气膜密封相同，只是对流槽的特性做了改变，动环外径侧为高压被密封液体（规定为上游侧或高压侧），内径侧为低压流体（可气体亦可液体，规定为下游侧或低压侧）。当动环以图示方向旋转时，槽将液体向槽端泵送，而密封坝限制了液体的流动，从而导致坝区压力的升高，产生了流体动压升力，将密封端面分开至 h_0。在外径与内径压力差的作用下，密封液体产生方向由外到内的压差流 Q_P，而螺旋槽的流体动压效应所产生的黏性剪切流 Q_S 的方向由内径指向外径，与压差流 Q_P 的方向相反。

流经密封端面间隙的总泄漏量 Q 为：$Q = Q_P - Q_S$，分三种情况：

① $Q_P > Q_S$ 时，$Q > 0$，高压侧密封流体向低压侧泄漏，则认为该上游泵送机械密封不具备密封能力，不在研究对象之列。

② $Q_P = Q_S$ 时，$Q = 0$，密封可以实现零泄漏，若低压侧无缓冲流体，则可以实现被密封流体的零泄漏，但不能保证被密封流体以气态形式向外界逸出或排放。定义对应此状态下的密封为零泄漏上游泵送机械密封。

③ $Q_P < Q_S$ 时，$Q < 0$，低压侧流体向高压侧泄漏；若低压侧有缓冲流体，则有少量缓冲流体从低压侧泵送至高压侧，不仅可以实现被密封流体的宏观零泄漏，而且可以达到被密封流体向外界的零逸出或零排放，故称对应此状态下的密封为零逸出上游泵送机械密封。

在上游泵送的作用下，可以将高压侧泄漏到低压侧的密封介质再返输到高压侧，或将低压侧少量的隔离液体泵送到高压侧的密封介质中，这样可以消除密封介质由高压侧向低压侧的泄漏，从而实现密封流体的零泄漏或零逸出。上游泵送密封在停车时，液体静压力与弹簧力作用在密封坝上，将密封端面闭合。

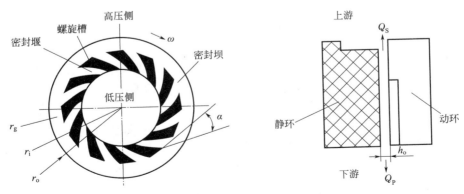

图 7-3-8 上游泵送机械密封的工作原理

2. 液膜密封的结构类型

上游泵送密封的密封结构类型包括圆叶台阶型、雷列台阶型、直叶型和螺旋槽型等，而类似螺旋槽型的还有对数螺旋槽、径向直线槽、圆弧槽，如图 7-3-9 所示。目前以对数螺旋槽用得最广泛。上游泵送流槽主要采用浅槽，流槽深度为 $2\sim6\mu m$。

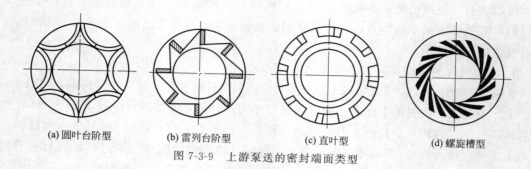

(a) 圆叶台阶型　　(b) 雷列台阶型　　(c) 直叶型　　(d) 螺旋槽型

图 7-3-9　上游泵送的密封端面类型

3. 液膜密封的工业应用

（1）零泄漏上游泵送机械密封的应用　零泄漏上游泵送机械密封的装配结构与普通的单端面接触式机械密封相同，唯一的区别只是在密封端面上开设流体动压槽，在各类非接触式机械密封中结构最为简单，不需要其他复杂的辅助系统（但仍可采用自冲洗辅助措施），可在以下条件中得以应用：

① 输送饱和蒸气压低于环境大气压的各种介质的旋转流体机械类轴封。这类介质的特点是不易产生汽化，即使泄漏也是以液体形式出现，而不会发生挥发性泄漏，如各种油品、水等，因此，在条件允许的情况下可以采用无需缓冲流体辅助系统的零泄漏上游泵送机械密封。

② 停车密封。可以与螺旋密封、叶轮密封等一起作为组合密封使用，用于密封高黏度、高含固体颗粒的介质如泥浆、重油等。在工作状态下螺旋密封、叶轮密封起主要的密封作用，零泄漏上游泵送机械密封起辅助密封的作用，在停车状态下零泄漏上游泵送机械密封起停车密封的作用。

③ 备用密封。当主密封开始泄漏时，作为备用密封的零泄漏上游泵送机械密封可以及时地阻止介质向大气泄漏，直至主密封的泄漏达到报警限为止。

④ 轴承密封。在某些条件下，如高速齿轮箱轴承密封等亦可采用零泄漏上游泵送机械密封。

（2）零逸出上游泵送机械密封的应用　零逸出上游泵送机械密封需要增设缓冲液辅助系统（亦可仍采用自冲洗措施），可用于密封某些高污染性、高危险性介质等。

① 用作输送饱和蒸气压高于环境大气压的各种介质的旋转流体机械类轴封。如炼化企业中的液态烃、轻烃、液氨等类介质的特点是易汽化，普通接触式机械密封一般处于气液两相混合摩擦状态，产生大量的气相泄漏，对环境污染严重，且工作稳定性能不佳，使用寿命较短，采用零逸出上游泵送机械密封可以有效地解决此类密封问题。

② 可替代普通的双端面机械密封。双端面接触式机械密封常用于密封化学、石油化工、农药等行业中具有剧毒、昂贵、高污染性工艺流体，需用复杂的封液循环保障系统，以提供压力高于密封介质压力的封液，能耗大、可靠性差，使用寿命有限。图 7-3-10 所示为推荐的一种零逸出上游泵送机械密封装置，该装置由内外两套密封组成：内侧为零逸出上游泵送

机械密封，外侧为零泄漏上游泵送机械密封（在某些情况下可采用水封或油封等），中间通入压力低于密封介质的缓冲液。该密封装置的能耗量不足双端面密封的 1/5，使用寿命大大延长，密封工作压力可以更高，而且取消了复杂的封油系统，使密封装置的可靠性明显提高，运行费用显著下降。

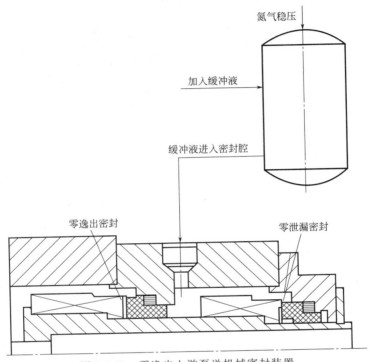

图 7-3-10 零逸出上游泵送机械密封装置

活动 1 认识气液膜非接触式机械密封

1. 明确工作任务

① 某化工厂合成氨压缩机采用的是带中间迷宫密封的串联干气密封，见图 7-3-11，阐述工作原理。

② 分析液膜机械密封与普通接触式机械密封的异同点。

2. 组织分工

学生 2～3 人为一组，按照任务要求分工，明确各自职责。

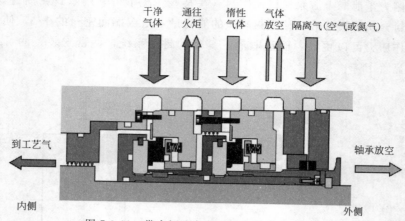

图 7-3-11　带中间迷宫密封的串联式干气密封

序号	人员	职责
1		
2		
3		

活动 2　现场清洁

① 物品、器具分类摆放整齐，无没用的物件。
② 清扫操作区域，保持工作场所干净、整洁。
③ 产生的废弃物品，统一回收到垃圾桶，不可随意丢弃。
④ 关闭水电气和门窗，最后离开教室的学生锁好门锁。

活动 3　撰写总结报告

回顾气液膜机械密封认知过程，每人写一份总结报告，内容包括学习心得、团队完成情况、个人参与情况、做得好的地方、尚需改进的地方等。

① 学生以小组为单位，按照任务要求，进行自查、互评与总结。
② 教师参照评分标准进行考核评价。
③ 师生总结评价，改进不足，将来在学习或工作中做得更好。

序号	考核项目	考核内容	配分/分	得分/分
1	技能训练	掌握带中间迷宫密封的串联式干气密封工作原理	30	
		掌握液膜机械密封与普通接触式机械密封的异同点	25	
		实训报告全面、体会深刻	10	
2	求知态度	求真求是、主动探索	5	
		执着专注、追求卓越	5	
3	安全意识	着装和个人防护用品穿戴正确	5	
		爱护工器具、机械设备,文明操作	5	
		如发生人为的操作安全事故、设备人为损坏、伤人等情况,安全意识不得分		
4	团结协作	分工明确、团队合作能力	3	
		沟通交流恰当,文明礼貌、尊重他人	2	
		自主参与程度、主动性	2	
5	现场整理	劳动主动性、积极性	3	
		保持现场环境整齐、清洁、有序	5	

参考文献

[1] 张玉中.钳工实训[M].北京:清华大学出版社,2011.

[2] 吴清.钳工技术基础[M].北京:清华大学出版社,2011.

[3] 刘泽九.滚动轴承应用手册[M].北京:机械工业出版社,2013.

[4] 陈龙,颉潭成,夏新涛.滚动轴承应用技术[M].北京:机械工业出版社,2010.

[5] 杨国安.滑动轴承故障诊断实用技术[M].北京:中国石化出版社,2012.

[6] 蔡仁良.流体密封技术原理与工程应用[M].北京:化学工业出版社,2013.

[7] 冯子明.过程装备密封技术[M].北京:中国石化出版社,2015.

[8] 魏龙,冯秀.化工密封实用技术[M].北京:化学工业出版社,2011.

[9] 郝木明.机械密封技术及应用[M].北京:中国石化出版社,2014.

[10] 胡瑢华.公差配合与测量[M].2版.北京:清华大学出版社,2010.

[11] 黄云清.公差配合与测量技术[M].3版.北京:机械工业出版社,2012.

[12] 吴清.公差配合与检测[M].北京:清华大学出版社,2013.

[13] 胡忆沩.中高压管道带压堵漏工程[M].北京:化学工业出版社,2011.

[14] 李春桥.管道安装与维修手册[M].北京:化学工业出版社,2009.